ISBN 978-1-326-19872-5

© 2015 Morgan Seven. Tutti i diritti sono riservati.

INTRODUZIONE

Cosa ci dicono le stelle? Con questo semplice volume di facilissima lettura saprete sempre le posizioni di Sole, Luna e pianeti con i loro aspetti astrali. Giorno per giorno in dettaglio, segno per segno con comode tabelle.

DATA	T.Sider.	SOLE ☉	LUNA ☽	MERCURIO ☿	VENERE ♀	MARTE ♂	GIOVE ♃	SATURNO ♄	URANO ♅	NETTUNO ♆	PLUTONE P	LUNA ☊	LUNA ☊
		° ' "	° '	° '	° '	° '	° '	° '	° '	° '	° '	° '	° ' T
01/01/2015	06:41:19	10 13 49 ♑	20 37 ♉	23 39 ♑	26 43 ♑	21 03 ♒	21 46 ♌	00 52 ♐	12 37 ♈	05 23 ♓	13 10 ♑	14 56 ♎	15 26 ♎
02/01/2015	06:45:16	11 14 58 ♑	03 44 ♊	25 14 ♑	27 59 ♑	21 50 ♒	21 41 ♌	00 58 ♐	12 37 ♈	05 25 ♓	13 12 ♑	14 53 ♎	15 20 ♎
03/01/2015	06:49:13	12 16 06 ♑	16 39 ♊	26 49 ♑	29 14 ♑	22 37 ♒	21 36 ♌	01 04 ♐	12 38 ♈	05 26 ♓	13 14 ♑	14 50 ♎	15 10 ♎
04/01/2015	06:53:09	13 17 14 ♑	29 24 ♊	28 23 ♑	00 29 ♒	23 24 ♒	21 32 ♌	01 10 ♐	12 39 ♈	05 28 ♓	13 16 ♑	14 47 ♎	14 57 ♎
05/01/2015	06:57:06	14 18 22 ♑	11 59 ♋	29 56 ♑	01 44 ♒	24 11 ♒	21 27 ♌	01 16 ♐	12 39 ♈	05 29 ♓	13 18 ♑	14 44 ♎	14 43 ♎
06/01/2015	07:01:02	15 19 30 ♑	24 22 ♋	01 28 ♒	02 59 ♒	24 58 ♒	21 21 ♌	01 22 ♐	12 40 ♈	05 31 ♓	13 20 ♑	14 40 ♎	14 28 ♎
07/01/2015	07:04:59	16 20 38 ♑	06 34 ♌	02 58 ♒	04 14 ♒	25 45 ♒	21 16 ♌	01 27 ♐	12 41 ♈	05 32 ♓	13 23 ♑	14 37 ♎	14 14 ♎
08/01/2015	07:08:55	17 21 46 ♑	18 36 ♌	04 27 ♒	05 29 ♒	26 32 ♒	21 11 ♌	01 33 ♐	12 42 ♈	05 34 ♓	13 25 ♑	14 34 ♎	14 02 ♎
09/01/2015	07:12:52	18 22 54 ♑	00 31 ♍	05 54 ♒	06 44 ♒	27 19 ♒	21 05 ♌	01 39 ♐	12 43 ♈	05 36 ♓	13 27 ♑	14 31 ♎	13 53 ♎
10/01/2015	07:16:48	19 24 02 ♑	12 20 ♍	07 18 ♒	07 59 ♒	28 06 ♒	20 59 ♌	01 44 ♐	12 44 ♈	05 37 ♓	13 29 ♑	14 28 ♎	13 47 ♎
11/01/2015	07:20:45	20 25 09 ♑	24 07 ♍	08 39 ♒	09 15 ♒	28 53 ♒	20 53 ♌	01 50 ♐	12 45 ♈	05 39 ♓	13 31 ♑	14 25 ♎	13 43 ♎
12/01/2015	07:24:42	21 26 17 ♑	05 58 ♎	09 57 ♒	10 30 ♒	29 40 ♒	20 47 ♌	01 55 ♐	12 46 ♈	05 41 ♓	13 33 ♑	14 21 ♎	13 42 ♎
13/01/2015	07:28:38	22 27 25 ♑	17 56 ♎	11 11 ♒	11 45 ♒	00 27 ♓	20 41 ♌	02 01 ♐	12 47 ♈	05 43 ♓	13 35 ♑	14 18 ♎	13 42 ♎
14/01/2015	07:32:35	23 28 32 ♑	00 08 ♏	12 20 ♒	12 60 ♒	01 14 ♓	20 35 ♌	02 06 ♐	12 48 ♈	05 44 ♓	13 37 ♑	14 15 ♎	13 42 ♎
15/01/2015	07:36:31	24 29 40 ♑	12 40 ♏	13 24 ♒	14 15 ♒	02 01 ♓	20 28 ♌	02 11 ♐	12 49 ♈	05 46 ♓	13 39 ♑	14 12 ♎	13 41 ♎
16/01/2015	07:40:28	25 30 48 ♑	25 35 ♏	14 21 ♒	15 30 ♒	02 48 ♓	20 22 ♌	02 17 ♐	12 50 ♈	05 48 ♓	13 41 ♑	14 09 ♎	13 37 ♎
17/01/2015	07:44:24	26 31 55 ♑	08 58 ♐	15 11 ♒	16 45 ♒	03 35 ♓	20 15 ♌	02 22 ♐	12 52 ♈	05 50 ♓	13 43 ♑	14 05 ♎	13 31 ♎
18/01/2015	07:48:21	27 33 02 ♑	22 51 ♐	15 53 ♒	17 60 ♒	04 22 ♓	20 08 ♌	02 27 ♐	12 53 ♈	05 52 ♓	13 45 ♑	14 02 ♎	13 23 ♎
19/01/2015	07:52:17	28 34 09 ♑	07 11 ♑	16 26 ♒	19 15 ♒	05 08 ♓	20 01 ♌	02 32 ♐	12 54 ♈	05 54 ♓	13 47 ♑	13 59 ♎	13 12 ♎
20/01/2015	07:56:14	29 35 15 ♑	21 55 ♑	16 50 ♒	20 29 ♒	05 55 ♓	19 54 ♌	02 37 ♐	12 56 ♈	05 56 ♓	13 49 ♑	13 56 ♎	13 01 ♎
21/01/2015	08:00:11	00 36 21 ♒	06 54 ♒	17 03 ♒	21 44 ♒	06 42 ♓	19 47 ♌	02 42 ♐	12 57 ♈	05 58 ♓	13 51 ♑	13 53 ♎	12 50 ♎
22/01/2015	08:04:07	01 37 26 ♒	21 59 ♒	17 05 ♒	22 59 ♒	07 29 ♓	19 40 ♌	02 46 ♐	12 59 ♈	05 60 ♓	13 53 ♑	13 50 ♎	12 40 ♎
23/01/2015	08:08:04	02 38 30 ♒	06 59 ♓	16 55 ♒	24 14 ♒	08 16 ♓	19 33 ♌	02 51 ♐	13 01 ♈	06 01 ♓	13 55 ♑	13 46 ♎	12 33 ♎
24/01/2015	08:12:00	03 39 33 ♒	21 48 ♓	16 34 ♒	25 29 ♒	09 03 ♓	19 25 ♌	02 56 ♐	13 02 ♈	06 03 ♓	13 57 ♑	13 43 ♎	12 28 ♎
25/01/2015	08:15:57	04 40 35 ♒	06 17 ♈	16 01 ♒	26 44 ♒	09 50 ♓	19 18 ♌	03 00 ♐	13 04 ♈	06 05 ♓	13 59 ♑	13 40 ♎	12 27 ♎
26/01/2015	08:19:53	05 41 36 ♒	20 25 ♈	15 18 ♒	27 59 ♒	10 37 ♓	19 10 ♌	03 05 ♐	13 06 ♈	06 07 ♓	14 01 ♑	13 37 ♎	12 27 ♎
27/01/2015	08:23:50	06 42 36 ♒	04 12 ♉	14 25 ♒	29 13 ♒	11 23 ♓	19 03 ♌	03 09 ♐	13 07 ♈	06 10 ♓	14 03 ♑	13 34 ♎	12 27 ♎
28/01/2015	08:27:46	07 43 35 ♒	17 38 ♉	13 23 ♒	00 28 ♓	12 10 ♓	18 55 ♌	03 14 ♐	13 09 ♈	06 12 ♓	14 05 ♑	13 31 ♎	12 27 ♎
29/01/2015	08:31:43	08 44 33 ♒	00 46 ♊	12 15 ♒	01 43 ♓	12 57 ♓	18 47 ♌	03 18 ♐	13 11 ♈	06 14 ♓	14 07 ♑	13 27 ♎	12 25 ♎
30/01/2015	08:35:40	09 45 30 ♒	13 38 ♊	11 03 ♒	02 57 ♓	13 44 ♓	18 40 ♌	03 22 ♐	13 13 ♈	06 16 ♓	14 09 ♑	13 24 ♎	12 20 ♎
31/01/2015	08:39:36	10 46 25 ♒	26 16 ♊	09 48 ♒	04 12 ♓	14 30 ♓	18 32 ♌	03 26 ♐	13 15 ♈	06 18 ♓	14 11 ♑	13 21 ♎	12 13 ♎
01/02/2015	08:43:33	11 47 20 ♒	08 44 ♋	08 34 ♒	05 27 ♓	15 17 ♓	18 24 ♌	03 30 ♐	13 17 ♈	06 20 ♓	14 13 ♑	13 18 ♎	12 03 ♎
02/02/2015	08:47:29	12 48 13 ♒	21 02 ♋	07 21 ♒	06 41 ♓	16 04 ♓	18 16 ♌	03 34 ♐	13 19 ♈	06 22 ♓	14 15 ♑	13 15 ♎	11 52 ♎
03/02/2015	08:51:26	13 49 05 ♒	03 11 ♌	06 12 ♒	07 56 ♓	16 51 ♓	18 08 ♌	03 38 ♐	13 21 ♈	06 24 ♓	14 17 ♑	13 11 ♎	11 40 ♎
04/02/2015	08:55:22	14 49 55 ♒	15 13 ♌	05 09 ♒	09 10 ♓	17 37 ♓	18 00 ♌	03 42 ♐	13 23 ♈	06 26 ♓	14 19 ♑	13 08 ♎	11 28 ♎
05/02/2015	08:59:19	15 50 45 ♒	27 09 ♌	04 12 ♒	10 25 ♓	18 24 ♓	17 52 ♌	03 46 ♐	13 25 ♈	06 28 ♓	14 21 ♑	13 05 ♎	11 19 ♎
06/02/2015	09:03:15	16 51 33 ♒	08 60 ♍	03 23 ♒	11 39 ♓	19 10 ♓	17 44 ♌	03 49 ♐	13 27 ♈	06 31 ♓	14 22 ♑	13 02 ♎	11 11 ♎
07/02/2015	09:07:12	17 52 21 ♒	20 48 ♍	02 42 ♒	12 54 ♓	19 57 ♓	17 36 ♌	03 53 ♐	13 30 ♈	06 33 ♓	14 24 ♑	12 59 ♎	11 06 ♎
08/02/2015	09:11:09	18 53 07 ♒	02 36 ♎	02 09 ♒	14 08 ♓	20 43 ♓	17 28 ♌	03 56 ♐	13 32 ♈	06 35 ♓	14 26 ♑	12 56 ♎	11 04 ♎
09/02/2015	09:15:05	19 53 52 ♒	14 27 ♎	01 44 ♒	15 23 ♓	21 30 ♓	17 20 ♌	03 59 ♐	13 34 ♈	06 37 ♓	14 28 ♑	12 52 ♎	11 03 ♎
10/02/2015	09:19:02	20 54 37 ♒	26 26 ♎	01 28 ♒	16 37 ♓	22 16 ♓	17 12 ♌	04 03 ♐	13 37 ♈	06 39 ♓	14 30 ♑	12 49 ♎	11 04 ♎
11/02/2015	09:22:58	21 55 20 ♒	08 37 ♏	01 19 ♒	17 51 ♓	23 03 ♓	17 04 ♌	04 06 ♐	13 39 ♈	06 42 ♓	14 31 ♑	12 46 ♎	11 06 ♎
12/02/2015	09:26:55	22 56 02 ♒	21 04 ♏	01 19 ♒	19 05 ♓	23 49 ♓	16 56 ♌	04 09 ♐	13 41 ♈	06 44 ♓	14 33 ♑	12 43 ♎	11 06 ♎
13/02/2015	09:30:51	23 56 43 ♒	03 54 ♐	01 25 ♒	20 20 ♓	24 36 ♓	16 49 ♌	04 12 ♐	13 44 ♈	06 46 ♓	14 35 ♑	12 40 ♎	11 06 ♎
14/02/2015	09:34:48	24 57 23 ♒	17 11 ♐	01 38 ♒	21 34 ♓	25 22 ♓	16 41 ♌	04 15 ♐	13 46 ♈	06 48 ♓	14 37 ♑	12 36 ♎	11 04 ♎
15/02/2015	09:38:44	25 58 02 ♒	00 56 ♑	01 57 ♒	22 48 ♓	26 08 ♓	16 33 ♌	04 18 ♐	13 49 ♈	06 51 ♓	14 38 ♑	12 33 ♎	10 59 ♎
16/02/2015	09:42:41	26 58 40 ♒	15 10 ♑	02 21 ♒	24 02 ♓	26 55 ♓	16 25 ♌	04 20 ♐	13 51 ♈	06 53 ♓	14 40 ♑	12 30 ♎	10 53 ♎
17/02/2015	09:46:38	27 59 17 ♒	29 52 ♑	02 51 ♒	25 16 ♓	27 41 ♓	16 17 ♌	04 23 ♐	13 54 ♈	06 55 ♓	14 41 ♑	12 27 ♎	10 47 ♎
18/02/2015	09:50:34	28 59 52 ♒	14 54 ♒	03 26 ♒	26 30 ♓	28 27 ♓	16 10 ♌	04 25 ♐	13 57 ♈	06 57 ♓	14 43 ♑	12 24 ♎	10 40 ♎
19/02/2015	09:54:31	00 00 26 ♓	00 08 ♓	04 06 ♒	27 44 ♓	29 13 ♓	16 02 ♌	04 28 ♐	13 59 ♈	06 60 ♓	14 45 ♑	12 21 ♎	10 34 ♎
20/02/2015	09:58:27	01 00 58 ♓	15 23 ♓	04 49 ♒	28 58 ♓	29 60 ♓	15 55 ♌	04 30 ♐	14 02 ♈	07 02 ♓	14 46 ♑	12 17 ♎	10 30 ♎
21/02/2015	10:02:24	02 01 28 ♓	00 29 ♈	05 37 ♒	00 12 ♈	00 46 ♈	15 47 ♌	04 32 ♐	14 05 ♈	07 04 ♓	14 48 ♑	12 14 ♎	10 28 ♎
22/02/2015	10:06:20	03 01 57 ♓	15 18 ♈	06 27 ♒	01 26 ♈	01 32 ♈	15 40 ♌	04 34 ♐	14 07 ♈	07 06 ♓	14 49 ♑	12 11 ♎	10 28 ♎
23/02/2015	10:10:17	04 02 24 ♓	29 43 ♈	07 22 ♒	02 40 ♈	02 18 ♈	15 33 ♌	04 36 ♐	14 10 ♈	07 09 ♓	14 51 ♑	12 08 ♎	10 29 ♎
24/02/2015	10:14:13	05 02 49 ♓	13 43 ♉	08 19 ♒	03 54 ♈	03 04 ♈	15 26 ♌	04 38 ♐	14 13 ♈	07 11 ♓	14 52 ♑	12 05 ♎	10 30 ♎
25/02/2015	10:18:10	06 03 12 ♓	27 17 ♉	09 19 ♒	05 07 ♈	03 50 ♈	15 18 ♌	04 40 ♐	14 16 ♈	07 13 ♓	14 54 ♑	12 02 ♎	10 32 ♎
26/02/2015	10:22:07	07 03 33 ♓	10 27 ♊	10 21 ♒	06 21 ♈	04 36 ♈	15 11 ♌	04 42 ♐	14 19 ♈	07 15 ♓	14 55 ♑	11 58 ♎	10 32 ♎
27/02/2015	10:26:03	08 03 52 ♓	23 16 ♊	11 26 ♒	07 34 ♈	05 22 ♈	15 05 ♌	04 44 ♐	14 22 ♈	07 18 ♓	14 57 ♑	11 55 ♎	10 31 ♎
28/02/2015	10:30:00	09 04 09 ♓	05 48 ♋	12 33 ♒	08 48 ♈	06 08 ♈	14 58 ♌	04 45 ♐	14 25 ♈	07 20 ♓	14 58 ♑	11 52 ♎	10 28 ♎
01/03/2015	10:33:56	10 04 25 ♓	18 06 ♋	13 42 ♒	10 02 ♈	06 54 ♈	14 51 ♌	04 46 ♐	14 28 ♈	07 22 ♓	14 60 ♑	11 49 ♎	10 24 ♎
02/03/2015	10:37:53	11 04 38 ♓	00 13 ♌	14 54 ♒	11 15 ♈	07 40 ♈	14 45 ♌	04 48 ♐	14 31 ♈	07 25 ♓	15 01 ♑	11 46 ♎	10 19 ♎
03/03/2015	10:41:49	12 04 49 ♓	12 12 ♌	16 07 ♒	12 28 ♈	08 25 ♈	14 38 ♌	04 49 ♐	14 34 ♈	07 27 ♓	15 02 ♑	11 42 ♎	10 14 ♎
04/03/2015	10:45:46	13 04 58 ♓	24 06 ♌	17 22 ♒	13 42 ♈	09 11 ♈	14 32 ♌	04 50 ♐	14 37 ♈	07 29 ♓	15 03 ♑	11 39 ♎	10 09 ♎
05/03/2015	10:49:42	14 05 06 ♓	05 56 ♍	18 38 ♒	14 55 ♈	09 57 ♈	14 26 ♌	04 51 ♐	14 40 ♈	07 31 ♓	15 05 ♑	11 36 ♎	10 04 ♎
06/03/2015	10:53:39	15 05 11 ♓	17 45 ♍	19 57 ♒	16 08 ♈	10 42 ♈	14 20 ♌	04 52 ♐	14 43 ♈	07 34 ♓	15 06 ♑	11 33 ♎	10 01 ♎
07/03/2015	10:57:35	16 05 15 ♓	29 34 ♍	21 17 ♒	17 21 ♈	11 28 ♈	14 14 ♌	04 53 ♐	14 46 ♈	07 36 ♓	15 07 ♑	11 30 ♎	09 59 ♎
08/03/2015	11:01:32	17 05 17 ♓	11 26 ♎	22 38 ♒	18 34 ♈	12 14 ♈	14 08 ♌	04 54 ♐	14 49 ♈	07 38 ♓	15 08 ♑	11 27 ♎	09 59 ♎
09/03/2015	11:05:29	18 05 17 ♓	23 24 ♎	24 01 ♒	19 47 ♈	12 59 ♈	14 03 ♌	04 54 ♐	14 52 ♈	07 40 ♓	15 10 ♑	11 23 ♎	09 60 ♎
10/03/2015	11:09:25	19 05 15 ♓	05 29 ♏	25 25 ♒	21 00 ♈	13 45 ♈	13 57 ♌	04 55 ♐	14 55 ♈	07 43 ♓	15 11 ♑	11 20 ♎	10 01 ♎
11/03/2015	11:13:22	20 05 12 ♓	17 45 ♏	26 51 ♒	22 13 ♈	14 30 ♈	13 52 ♌	04 55 ♐	14 58 ♈	07 45 ♓	15 12 ♑	11 17 ♎	10 03 ♎
12/03/2015	11:17:18	21 05 07 ♓	00 16 ♐	28 17 ♒	23 26 ♈	15 15 ♈	13 47 ♌	04 56 ♐	15 01 ♈	07 47 ♓	15 13 ♑	11 14 ♎	10 04 ♎
13/03/2015	11:21:15	22 05 00 ♓	13 05 ♐	29 46 ♒	24 39 ♈	16 01 ♈	13 42 ♌	04 56 ♐	15 05 ♈	07 49 ♓	15 14 ♑	11 11 ♎	10 05 ♎
14/03/2015	11:25:11	23 04 52 ♓	26 16 ♐	01 15 ♓	25 51 ♈	16 46 ♈	13 37 ♌	04 56 ♐	15 08 ♈	07 52 ♓	15 15 ♑	11 08 ♎	10 05 ♎
15/03/2015	11:29:08	24 04 42 ♓	09 52 ♑	02 46 ♓	27 04 ♈	17 31 ♈	13 33 ♌	04 56 ♐	15 11 ♈	07 54 ♓	15 16 ♑	11 04 ♎	10 05 ♎
16/03/2015	11:33:04	25 04 31 ♓	23 54 ♑	04 18 ♓	28 17 ♈	18 17 ♈	13 28 ♌	04 56 ♐	15 14 ♈	07 56 ♓	15 17 ♑	11 01 ♎	10 03 ♎
17/03/2015	11:37:01	26 04 17 ♓	08 20 ♒	05 52 ♓	29 29 ♈	19 02 ♈	13 24 ♌	04 56 ♐	15 18 ♈	07 58 ♓	15 18 ♑	10 58 ♎	10 02 ♎
18/03/2015	11:40:58	27 04 02 ♓	23 09 ♒	07 26 ♓	00 42 ♉	19 47 ♈	13 20 ♌	04 55 ♐	15 21 ♈	08 00 ♓	15 19 ♑	10 55 ♎	10 00 ♎
19/03/2015	11:44:54	28 03 46 ♓	08 12 ♓	09 02 ♓	01 54 ♉	20 32 ♈	13 16 ♌	04 55 ♐	15 24 ♈	08 03 ♓	15 20 ♑	10 52 ♎	09 59 ♎
20/03/2015	11:48:51	29 03 27 ♓	23 23 ♓	10 39 ♓	03 06 ♉	21 17 ♈	13 12 ♌	04 54 ♐	15 28 ♈	08 05 ♓	15 21 ♑	10 48 ♎	09 58 ♎
21/03/2015	11:52:47	00 03 06 ♈	08 31 ♈	12 18 ♓	04 18 ♉	22 02 ♈	13 08 ♌	04 54 ♐	15 31 ♈	08 07 ♓	15 22 ♑	10 45 ♎	09 58 ♎
22/03/2015	11:56:44	01 02 43 ♈	23 28 ♈	13 57 ♓	05 31 ♉	22 47 ♈	13 05 ♌	04 53 ♐	15 34 ♈	08 09 ♓	15 22 ♑	10 42 ♎	09 58 ♎
23/03/2015	12:00:40	02 02 18 ♈	08 04 ♉	15 38 ♓	06 43 ♉	23 32 ♈	13 02 ♌	04 52 ♐	15 38 ♈	08 11 ♓	15 23 ♑	10 39 ♎	09 59 ♎

DATA	T.Sider.	SOLE ☉			LUNA ☽			MERCURIO ☿			VENERE ♀			MARTE ♂			GIOVE ♃			SATURNO ♄			URANO ♅			NETTUNO ♆			PLUTONE ♇			LUNA ☊			LUNA ☊			T
24/03/2015	12:04:37	03	01	51	♈	22	17	♈	17	20	♓	07	55	♓	24	17	♈	12	59	♌	04	51	♐	15	41	♈	08	13	♓	15	24	♑	10	36	♎	09	59	♎

DATA	T.Sider.	SOLE ☉				LUNA ☽			MERCURIO ☿			VENERE ♀			MARTE ♂			GIOVE ♃			SATURNO ♄			URANO ♅			NETTUNO ♆			PLUTONE P			LUNA ☊			LUNA ☊		
		°	'	"		°	'		°	'		°	'		°	'		°	'		°	'		°	'		°	'		°	'		°	'		°	'	T
14/06/2015	17:27:54	22	39	04	♊	19	41	♉	04	43	♊	07	48	♌	22	50	♊	18	36	♌	00	04	♐	19	47	♈	09	49	♓	14	49	♑	06	15	♎	07	05	♎
15/06/2015	17:31:51	23	36	25	♊	03	32	♊	04	55	♊	08	42	♌	23	31	♊	18	46	♌	00	00	♐	19	49	♈	09	49	♓	14	47	♑	06	12	♎	06	57	♎
16/06/2015	17:35:47	24	33	45	♊	17	12	♊	05	11	♊	09	35	♌	24	12	♊	18	55	♌	29	56	♏	19	51	♈	09	49	♓	14	46	♑	06	09	♎	06	46	♎
17/06/2015	17:39:44	25	31	04	♊	00	38	♋	05	32	♊	10	27	♌	24	53	♊	19	05	♌	29	52	♏	19	53	♈	09	49	♓	14	44	♑	06	06	♎	06	35	♎
18/06/2015	17:43:41	26	28	23	♊	13	47	♋	05	57	♊	11	19	♌	25	33	♊	19	15	♌	29	49	♏	19	55	♈	09	49	♓	14	43	♑	06	03	♎	06	22	♎
19/06/2015	17:47:37	27	25	41	♊	26	38	♋	06	27	♊	12	10	♌	26	14	♊	19	26	♌	29	45	♏	19	57	♈	09	48	♓	14	42	♑	05	59	♎	06	11	♎
20/06/2015	17:51:34	28	22	59	♊	09	11	♌	07	01	♊	13	01	♌	26	55	♊	19	36	♌	29	41	♏	19	58	♈	09	48	♓	14	40	♑	05	56	♎	06	02	♎
21/06/2015	17:55:30	29	20	16	♊	21	27	♌	07	39	♊	13	51	♌	27	36	♊	19	46	♌	29	38	♏	20	00	♈	09	48	♓	14	39	♑	05	53	♎	05	55	♎
22/06/2015	17:59:27	00	17	32	♋	03	30	♍	08	22	♊	14	40	♌	28	16	♊	19	57	♌	29	34	♏	20	02	♈	09	48	♓	14	37	♑	05	50	♎	05	50	♎
23/06/2015	18:03:23	01	14	47	♋	15	24	♍	09	09	♊	15	28	♌	28	57	♊	20	07	♌	29	31	♏	20	03	♈	09	47	♓	14	36	♑	05	47	♎	05	48	♎
24/06/2015	18:07:20	02	12	02	♋	27	12	♍	09	60	♊	16	16	♌	29	37	♊	20	18	♌	29	27	♏	20	05	♈	09	47	♓	14	35	♑	05	43	♎	05	47	♎
25/06/2015	18:11:16	03	09	16	♋	09	02	♎	10	55	♊	17	03	♌	00	18	♋	20	28	♌	29	24	♏	20	06	♈	09	47	♓	14	33	♑	05	40	♎	05	47	♎
26/06/2015	18:15:13	04	06	30	♋	20	58	♎	11	54	♊	17	49	♌	00	58	♋	20	39	♌	29	21	♏	20	08	♈	09	46	♓	14	32	♑	05	37	♎	05	46	♎
27/06/2015	18:19:10	05	03	43	♋	03	05	♏	12	57	♊	18	34	♌	01	38	♋	20	50	♌	29	17	♏	20	09	♈	09	46	♓	14	30	♑	05	34	♎	05	44	♎
28/06/2015	18:23:06	06	00	55	♋	15	28	♏	14	04	♊	19	18	♌	02	19	♋	21	01	♌	29	14	♏	20	11	♈	09	45	♓	14	29	♑	05	31	♎	05	40	♎
29/06/2015	18:27:03	06	58	08	♋	28	12	♏	15	15	♊	20	01	♌	02	59	♋	21	12	♌	29	11	♏	20	12	♈	09	45	♓	14	27	♑	05	28	♎	05	33	♎
30/06/2015	18:30:59	07	55	19	♋	11	17	♐	16	29	♊	20	43	♌	03	39	♋	21	23	♌	29	08	♏	20	13	♈	09	44	♓	14	26	♑	05	24	♎	05	24	♎
01/07/2015	18:34:56	08	52	31	♋	24	45	♐	17	48	♊	21	24	♌	04	20	♋	21	34	♌	29	05	♏	20	15	♈	09	44	♓	14	24	♑	05	21	♎	05	13	♎
02/07/2015	18:38:52	09	49	42	♋	08	34	♑	19	10	♊	22	04	♌	04	60	♋	21	45	♌	29	03	♏	20	16	♈	09	43	♓	14	23	♑	05	18	♎	05	01	♎
03/07/2015	18:42:49	10	46	53	♋	22	40	♑	20	35	♊	22	43	♌	05	40	♋	21	56	♌	28	60	♏	20	17	♈	09	42	♓	14	21	♑	05	15	♎	04	50	♎
04/07/2015	18:46:45	11	44	04	♋	06	58	♒	22	05	♊	23	21	♌	06	20	♋	22	08	♌	28	57	♏	20	18	♈	09	42	♓	14	20	♑	05	12	♎	04	40	♎
05/07/2015	18:50:42	12	41	16	♋	21	22	♒	23	38	♊	23	58	♌	07	00	♋	22	19	♌	28	54	♏	20	19	♈	09	41	♓	14	18	♑	05	09	♎	04	32	♎
06/07/2015	18:54:39	13	38	27	♋	05	46	♓	25	14	♊	24	34	♌	07	40	♋	22	30	♌	28	52	♏	20	20	♈	09	40	♓	14	17	♑	05	05	♎	04	28	♎
07/07/2015	18:58:35	14	35	38	♋	20	07	♓	26	54	♊	25	08	♌	08	20	♋	22	42	♌	28	49	♏	20	21	♈	09	40	♓	14	15	♑	05	02	♎	04	25	♎
08/07/2015	19:02:32	15	32	50	♋	04	22	♈	28	37	♊	25	41	♌	09	00	♋	22	53	♌	28	47	♏	20	22	♈	09	39	♓	14	14	♑	04	59	♎	04	25	♎
09/07/2015	19:06:28	16	30	02	♋	18	28	♈	00	23	♋	26	12	♌	09	40	♋	23	05	♌	28	45	♏	20	23	♈	09	38	♓	14	12	♑	04	56	♎	04	25	♎
10/07/2015	19:10:25	17	27	15	♋	02	25	♉	02	13	♋	26	42	♌	10	20	♋	23	17	♌	28	43	♏	20	24	♈	09	37	♓	14	11	♑	04	53	♎	04	25	♎
11/07/2015	19:14:21	18	24	28	♋	16	13	♉	04	05	♋	27	11	♌	10	60	♋	23	29	♌	28	40	♏	20	24	♈	09	36	♓	14	09	♑	04	49	♎	04	22	♎
12/07/2015	19:18:18	19	21	41	♋	29	51	♉	05	60	♋	27	38	♌	11	40	♋	23	40	♌	28	38	♏	20	25	♈	09	35	♓	14	08	♑	04	46	♎	04	17	♎
13/07/2015	19:22:14	20	18	56	♋	13	19	♊	07	58	♋	28	04	♌	12	20	♋	23	52	♌	28	37	♏	20	26	♈	09	34	♓	14	06	♑	04	43	♎	04	10	♎
14/07/2015	19:26:11	21	16	10	♋	26	35	♊	09	58	♋	28	28	♌	12	59	♋	24	04	♌	28	35	♏	20	26	♈	09	34	♓	14	05	♑	04	40	♎	03	60	♎
15/07/2015	19:30:08	22	13	25	♋	09	39	♋	11	60	♋	28	50	♌	13	39	♋	24	16	♌	28	33	♏	20	27	♈	09	33	♓	14	03	♑	04	37	♎	03	48	♎
16/07/2015	19:34:04	23	10	40	♋	22	29	♋	14	04	♋	29	10	♌	14	19	♋	24	28	♌	28	31	♏	20	28	♈	09	32	♓	14	02	♑	04	34	♎	03	36	♎
17/07/2015	19:38:01	24	07	56	♋	05	05	♌	16	09	♋	29	29	♌	14	58	♋	24	40	♌	28	30	♏	20	28	♈	09	31	♓	14	00	♑	04	30	♎	03	25	♎
18/07/2015	19:41:57	25	05	12	♋	17	27	♌	18	16	♋	29	46	♌	15	38	♋	24	52	♌	28	28	♏	20	28	♈	09	30	♓	13	59	♑	04	27	♎	03	16	♎
19/07/2015	19:45:54	26	02	28	♋	29	37	♌	20	23	♋	00	01	♍	16	18	♋	25	04	♌	28	27	♏	20	29	♈	09	28	♓	13	58	♑	04	24	♎	03	09	♎
20/07/2015	19:49:50	26	59	44	♋	11	35	♍	22	31	♋	00	14	♍	16	57	♋	25	17	♌	28	25	♏	20	29	♈	09	27	♓	13	56	♑	04	21	♎	03	04	♎
21/07/2015	19:53:47	27	57	01	♋	23	26	♍	24	39	♋	00	25	♍	17	37	♋	25	29	♌	28	24	♏	20	29	♈	09	26	♓	13	55	♑	04	18	♎	03	02	♎
22/07/2015	19:57:43	28	54	18	♋	05	13	♎	26	47	♋	00	33	♍	18	16	♋	25	41	♌	28	23	♏	20	30	♈	09	25	♓	13	53	♑	04	14	♎	03	02	♎
23/07/2015	20:01:40	29	51	35	♋	17	01	♎	28	55	♋	00	40	♍	18	56	♋	25	53	♌	28	22	♏	20	30	♈	09	24	♓	13	52	♑	04	11	♎	03	02	♎
24/07/2015	20:05:37	00	48	52	♌	28	56	♎	01	02	♌	00	44	♍	19	35	♋	26	06	♌	28	21	♏	20	30	♈	09	23	♓	13	50	♑	04	08	♎	03	02	♎
25/07/2015	20:09:33	01	46	10	♌	11	03	♏	03	09	♌	00	46	♍	20	14	♋	26	18	♌	28	20	♏	20	30	♈	09	22	♓	13	49	♑	04	05	♎	03	02	♎
26/07/2015	20:13:30	02	43	28	♌	23	27	♏	05	15	♌	00	46	♍	20	54	♋	26	31	♌	28	20	♏	20	30	♈	09	20	♓	13	48	♑	04	02	♎	02	60	♎
27/07/2015	20:17:26	03	40	47	♌	06	13	♐	07	19	♌	00	43	♍	21	33	♋	26	43	♌	28	19	♏	20	30	♈	09	19	♓	13	46	♑	03	59	♎	02	56	♎
28/07/2015	20:21:23	04	38	06	♌	19	23	♐	09	23	♌	00	38	♍	22	12	♋	26	56	♌	28	18	♏	20	30	♈	09	18	♓	13	45	♑	03	55	♎	02	49	♎
29/07/2015	20:25:19	05	35	26	♌	02	59	♑	11	25	♌	00	31	♍	22	51	♋	27	08	♌	28	18	♏	20	30	♈	09	17	♓	13	43	♑	03	52	♎	02	41	♎
30/07/2015	20:29:16	06	32	46	♌	17	01	♑	13	25	♌	00	21	♍	23	31	♋	27	21	♌	28	18	♏	20	30	♈	09	15	♓	13	42	♑	03	49	♎	02	33	♎
31/07/2015	20:33:12	07	30	07	♌	01	25	♒	15	24	♌	00	09	♍	24	10	♋	27	33	♌	28	17	♏	20	30	♈	09	14	♓	13	41	♑	03	46	♎	02	24	♎
01/08/2015	20:37:09	08	27	29	♌	16	04	♒	17	22	♌	29	55	♌	24	49	♋	27	46	♌	28	17	♏	20	29	♈	09	13	♓	13	39	♑	03	43	♎	02	17	♎
02/08/2015	20:41:06	09	24	51	♌	00	52	♓	19	18	♌	29	38	♌	25	28	♋	27	59	♌	28	17	♏	20	29	♈	09	11	♓	13	38	♑	03	40	♎	02	11	♎
03/08/2015	20:45:02	10	22	15	♌	15	40	♓	21	12	♌	29	19	♌	26	07	♋	28	11	♌	28	17	♏	20	29	♈	09	10	♓	13	37	♑	03	36	♎	02	08	♎
04/08/2015	20:48:59	11	19	39	♌	00	22	♈	23	05	♌	28	57	♌	26	46	♋	28	24	♌	28	17	♏	20	28	♈	09	08	♓	13	36	♑	03	33	♎	02	07	♎
05/08/2015	20:52:55	12	17	04	♌	14	52	♈	24	57	♌	28	33	♌	27	25	♋	28	37	♌	28	17	♏	20	28	♈	09	07	♓	13	34	♑	03	30	♎	02	07	♎
06/08/2015	20:56:52	13	14	31	♌	29	07	♈	26	46	♌	28	08	♌	28	04	♋	28	50	♌	28	18	♏	20	28	♈	09	06	♓	13	33	♑	03	27	♎	02	08	♎
07/08/2015	21:00:48	14	11	59	♌	13	06	♉	28	34	♌	27	40	♌	28	43	♋	29	03	♌	28	18	♏	20	27	♈	09	04	♓	13	32	♑	03	24	♎	02	09	♎
08/08/2015	21:04:45	15	09	29	♌	26	48	♉	00	21	♍	27	11	♌	29	22	♋	29	15	♌	28	19	♏	20	26	♈	09	03	♓	13	31	♑	03	20	♎	02	08	♎
09/08/2015	21:08:41	16	06	60	♌	10	14	♊	02	06	♍	26	40	♌	00	01	♌	29	28	♌	28	19	♏	20	26	♈	09	01	♓	13	29	♑	03	17	♎	02	06	♎
10/08/2015	21:12:38	17	04	32	♌	23	25	♊	03	49	♍	26	07	♌	00	40	♌	29	41	♌	28	20	♏	20	25	♈	08	60	♓	13	28	♑	03	14	♎	02	01	♎
11/08/2015	21:16:35	18	02	05	♌	06	22	♋	05	31	♍	25	34	♌	01	18	♌	29	54	♌	28	21	♏	20	24	♈	08	58	♓	13	27	♑	03	11	♎	01	55	♎
12/08/2015	21:20:31	18	59	40	♌	19	06	♋	07	12	♍	24	59	♌	01	57	♌	00	07	♍	28	22	♏	20	24	♈	08	57	♓	13	26	♑	03	08	♎	01	48	♎
13/08/2015	21:24:28	19	57	17	♌	01	37	♌	08	50	♍	24	23	♌	02	36	♌	00	20	♍	28	23	♏	20	23	♈	08	55	♓	13	25	♑	03	05	♎	01	41	♎
14/08/2015	21:28:24	20	54	54	♌	13	57	♌	10	28	♍	23	46	♌	03	15	♌	00	33	♍	28	24	♏	20	22	♈	08	54	♓	13	24	♑	03	01	♎	01	34	♎
15/08/2015	21:32:21	21	52	32	♌	26	06	♌	12	03	♍	23	09	♌	03	54	♌	00	46	♍	28	25	♏	20	21	♈	08	52	♓	13	22	♑	02	58	♎	01	28	♎
16/08/2015	21:36:17	22	50	12	♌	08	06	♍	13	37	♍	22	32	♌	04	32	♌	00	59	♍	28	26	♏	20	20	♈	08	51	♓	13	21	♑	02	55	♎	01	23	♎
17/08/2015	21:40:14	23	47	53	♌	19	59	♍	15	10	♍	21	55	♌	05	11	♌	01	12	♍	28	28	♏	20	19	♈	08	49	♓	13	20	♑	02	52	♎	01	21	♎
18/08/2015	21:44:10	24	45	35	♌	01	47	♎	16	41	♍	21	18	♌	05	49	♌	01	25	♍	28	29	♏	20	18	♈	08	47	♓	13	19	♑	02	49	♎	01	20	♎
19/08/2015	21:48:07	25	43	18	♌	13	33	♎	18	11	♍	20	41	♌	06	28	♌	01	38	♍	28	31	♏	20	17	♈	08	46	♓	13	18	♑	02	46	♎	01	21	♎
20/08/2015	21:52:04	26	41	02	♌	25	21	♎	19	39	♍	20	05	♌	07	07	♌	01	51	♍	28	32	♏	20	16	♈	08	44	♓	13	17	♑	02	42	♎	01	23	♎
21/08/2015	21:56:00	27	38	48	♌	07	16	♏	21	06	♍	19	31	♌	07	45	♌	02	04	♍	28	34	♏	20	15	♈	08	43	♓	13	16	♑	02	39	♎	01	24	♎
22/08/2015	21:59:57	28	36	34	♌	19	22	♏	22	31	♍	18	57	♌	08	24	♌	02	17	♍	28	36	♏	20	13	♈	08	41	♓	13	15	♑	02	36	♎	01	26	♎
23/08/2015	22:03:53	29	34	22	♌	01	44	♐	23	54	♍	18	24	♌	09	02	♌	02	30	♍	28	38	♏	20	12	♈	08	39	♓	13	14	♑	02	33	♎	01	26	♎
24/08/2015	22:07:50	00	32	11	♍	14	26	♐	25	16	♍	17	54	♌	09	41	♌	02	43	♍	28	40	♏	20	11	♈	08	38	♓	13	14	♑	02	30	♎	01	25	♎
25/08/2015	22:11:46	01	30	01	♍	27	34	♐	26	36	♍	17	24	♌	10	19	♌	02	56	♍	28	42	♏	20	10	♈	08	36	♓	13	13	♑	02	26	♎	01	23	♎
26/08/2015	22:15:43	02	27	53	♍	11	09	♑	27	54	♍	16	57	♌	10	57	♌	03	09	♍	28	44	♏	20	08	♈	08	35	♓	13	12	♑	02	23	♎	01	20	♎
27/08/2015	22:19:39	03	25	46	♍	25	11	♑	29	11	♍	16	32	♌	11	36	♌	03	22	♍	28	47	♏	20	07	♈	08	33	♓	13	11	♑	02	20	♎	01	16	♎
28/08/2015	22:23:36	04	23	39	♍	09	39	♒	00	26	♎	16	08	♌	12	14	♌	03	35	♍	28	49	♏	20	05	♈	08	31	♓	13	10	♑	02	17	♎	01	12	♎
29/08/2015	22:27:33	05	21	35	♍	24	28	♒	01	39	♎	15	47	♌	12	52	♌	03	48	♍	28	52	♏	20	04	♈	08	30	♓	13	09	♑	02	14	♎	01	09	♎
30/08/2015	22:31:29	06	19	31	♍	09	31	♓	02	50	♎	15	28	♌	13	31	♌	04	01	♍	28	54	♏	20	02	♈	08	28	♓	13	09	♑	02	11	♎	01	07	♎
31/08/2015	22:35:26	07	17	30	♍	24	38	♓	03	59	♎	15	12	♌	14	09	♌	04	14	♍	28	57	♏	20	01	♈	08	26	♓	13	08	♑	02	07	♎	01	05	♎
01/09/2015	22:39:22	08	15	30	♍	09	40	♈	05	05	♎	14	58	♌	14	47	♌	04	27	♍	28	60	♏	19	59	♈	08	25	♓	13	07	♑	02	04	♎	01	05	♎
02/09/2015	22:43:19	09	13	32	♍	24	30	♈	06	10	♎	14	46	♌	15	25	♌	04	40	♍	29	02	♏	19	58	♈	08	23	♓	13	07	♑	02	01	♎	01	06	♎
03/09/2015	22:47:15	10	11	35	♍	09	01	♉	07	12	♎	14	37	♌	16	03	♌	04	53	♍	29	05	♏	19	56	♈	08	21	♓	13	06	♑	01	58	♎	01	07	♎

DATA	T.Sider.	SOLE ☉				LUNA ☽			MERCURIO ☿			VENERE ♀			MARTE ♂			GIOVE ♃			SATURNO ♄			URANO ♅			NETTUNO ♆			PLUTONE P			LUNA ☊			LUNA ☊		
		°	'	"		°	'		°	'		°	'		°	'		°	'		°	'		°	'		°	'		°	'		°	'		°	'	T
04/09/2015	22:51:12	11	09	41	♍	23	11	♉	08	12	♎	14	30	♌	16	42	♌	05	07	♍	29	08	♏	19	54	♈	08	20	♓	13	05	♑	01	55	♎	01	08	♎
05/09/2015	22:55:08	12	07	49	♍	06	58	♊	09	09	♎	14	26	♌	17	20	♌	05	20	♍	29	11	♏	19	52	♈	08	18	♓	13	05	♑	01	52	♎	01	09	♎
06/09/2015	22:59:05	13	05	58	♍	20	22	♊	10	04	♎	14	24	♌	17	58	♌	05	33	♍	29	15	♏	19	51	♈	08	16	♓	13	04	♑	01	48	♎	01	09	♎
07/09/2015	23:03:01	14	04	10	♍	03	25	♋	10	55	♎	14	24	♌	18	36	♌	05	46	♍	29	18	♏	19	49	♈	08	15	♓	13	03	♑	01	45	♎	01	08	♎
08/09/2015	23:06:58	15	02	24	♍	16	10	♋	11	43	♎	14	27	♌	19	14	♌	05	58	♍	29	21	♏	19	47	♈	08	13	♓	13	03	♑	01	42	♎	01	06	♎
09/09/2015	23:10:55	16	00	40	♍	28	40	♋	12	28	♎	14	31	♌	19	52	♌	06	11	♍	29	25	♏	19	45	♈	08	12	♓	13	02	♑	01	39	♎	01	04	♎
10/09/2015	23:14:51	16	58	57	♍	10	56	♌	13	10	♎	14	39	♌	20	30	♌	06	24	♍	29	28	♏	19	43	♈	08	10	♓	13	02	♑	01	36	♎	01	02	♎
11/09/2015	23:18:48	17	57	17	♍	23	03	♌	13	47	♎	14	48	♌	21	08	♌	06	37	♍	29	32	♏	19	41	♈	08	08	♓	13	02	♑	01	32	♎	01	00	♎
12/09/2015	23:22:44	18	55	39	♍	05	01	♍	14	20	♎	14	60	♌	21	46	♌	06	50	♍	29	36	♏	19	39	♈	08	07	♓	13	01	♑	01	29	♎	00	59	♎
13/09/2015	23:26:41	19	54	02	♍	16	53	♍	14	49	♎	15	13	♌	22	24	♌	07	03	♍	29	39	♏	19	37	♈	08	05	♓	13	01	♑	01	26	♎	00	58	♎
14/09/2015	23:30:37	20	52	27	♍	28	41	♍	15	13	♎	15	29	♌	23	02	♌	07	16	♍	29	43	♏	19	35	♈	08	03	♓	13	00	♑	01	23	♎	00	57	♎
15/09/2015	23:34:34	21	50	54	♍	10	28	♎	15	32	♎	15	46	♌	23	39	♌	07	29	♍	29	47	♏	19	33	♈	08	02	♓	13	00	♑	01	20	♎	00	58	♎
16/09/2015	23:38:30	22	49	23	♍	22	15	♎	15	46	♎	16	06	♌	24	17	♌	07	42	♍	29	51	♏	19	31	♈	08	00	♓	12	60	♑	01	17	♎	00	58	♎
17/09/2015	23:42:27	23	47	53	♍	04	06	♏	15	54	♎	16	27	♌	24	55	♌	07	55	♍	29	55	♏	19	29	♈	07	59	♓	12	60	♑	01	13	♎	00	59	♎
18/09/2015	23:46:24	24	46	26	♍	16	04	♏	15	55	♎	16	50	♌	25	33	♌	08	07	♍	29	60	♏	19	27	♈	07	57	♓	12	59	♑	01	10	♎	00	60	♎
19/09/2015	23:50:20	25	44	60	♍	28	12	♏	15	50	♎	17	15	♌	26	11	♌	08	20	♍	00	04	♐	19	25	♈	07	56	♓	12	59	♑	01	07	♎	01	00	♎
20/09/2015	23:54:17	26	43	36	♍	10	34	♐	15	39	♎	17	41	♌	26	48	♌	08	33	♍	00	08	♐	19	22	♈	07	54	♓	12	59	♑	01	04	♎	01	01	♎
21/09/2015	23:58:13	27	42	13	♍	23	14	♐	15	20	♎	18	09	♌	27	26	♌	08	45	♍	00	13	♐	19	20	♈	07	52	♓	12	59	♑	01	01	♎	01	01	♎
22/09/2015	00:02:10	28	40	52	♍	06	16	♑	14	54	♎	18	39	♌	28	04	♌	08	58	♍	00	17	♐	19	18	♈	07	51	♓	12	59	♑	00	58	♎	01	01	♎
23/09/2015	00:06:06	29	39	33	♍	19	43	♑	14	22	♎	19	10	♌	28	41	♌	09	11	♍	00	22	♐	19	16	♈	07	49	♓	12	59	♑	00	54	♎	01	00	♎
24/09/2015	00:10:03	00	38	16	♎	03	36	♒	13	42	♎	19	43	♌	29	19	♌	09	23	♍	00	26	♐	19	14	♈	07	48	♓	12	59	♑	00	51	♎	01	00	♎
25/09/2015	00:13:59	01	36	60	♎	17	56	♒	12	55	♎	20	17	♌	29	56	♌	09	36	♍	00	31	♐	19	11	♈	07	46	♓	12	59	♑	00	48	♎	01	00	♎
26/09/2015	00:17:56	02	35	45	♎	02	39	♓	12	03	♎	20	52	♌	00	34	♍	09	48	♍	00	36	♐	19	09	♈	07	45	♓	12	59	♑	00	45	♎	01	01	♎
27/09/2015	00:21:53	03	34	33	♎	17	40	♓	11	04	♎	21	28	♌	01	12	♍	10	01	♍	00	40	♐	19	07	♈	07	44	♓	12	59	♑	00	42	♎	01	01	♎
28/09/2015	00:25:49	04	33	22	♎	02	52	♈	10	02	♎	22	06	♌	01	49	♍	10	13	♍	00	45	♐	19	04	♈	07	42	♓	12	59	♑	00	38	♎	01	01	♎
29/09/2015	00:29:46	05	32	14	♎	18	05	♈	08	56	♎	22	45	♌	02	26	♍	10	26	♍	00	50	♐	19	02	♈	07	41	♓	12	59	♑	00	35	♎	01	01	♎
30/09/2015	00:33:42	06	31	08	♎	03	09	♉	07	48	♎	23	25	♌	03	04	♍	10	38	♍	00	55	♐	18	60	♈	07	39	♓	12	59	♑	00	32	♎	01	00	♎
01/10/2015	00:37:39	07	30	03	♎	17	56	♉	06	41	♎	24	07	♌	03	41	♍	10	50	♍	01	00	♐	18	57	♈	07	38	♓	12	59	♑	00	29	♎	00	60	♎
02/10/2015	00:41:35	08	29	01	♎	02	20	♊	05	35	♎	24	49	♌	04	19	♍	11	03	♍	01	06	♐	18	55	♈	07	37	♓	12	59	♑	00	26	♎	00	59	♎
03/10/2015	00:45:32	09	28	02	♎	16	18	♊	04	33	♎	25	33	♌	04	56	♍	11	15	♍	01	11	♐	18	53	♈	07	35	♓	12	59	♑	00	23	♎	00	58	♎
04/10/2015	00:49:28	10	27	04	♎	29	48	♊	03	36	♎	26	17	♌	05	33	♍	11	27	♍	01	16	♐	18	50	♈	07	34	♓	12	60	♑	00	19	♎	00	58	♎
05/10/2015	00:53:25	11	26	10	♎	12	53	♋	02	46	♎	27	03	♌	06	11	♍	11	39	♍	01	21	♐	18	48	♈	07	33	♓	12	60	♑	00	16	♎	00	57	♎
06/10/2015	00:57:21	12	25	17	♎	25	35	♋	02	04	♎	27	49	♌	06	48	♍	11	51	♍	01	27	♐	18	45	♈	07	31	♓	13	00	♑	00	13	♎	00	58	♎
07/10/2015	01:01:18	13	24	27	♎	07	58	♌	01	31	♎	28	36	♌	07	25	♍	12	03	♍	01	32	♐	18	43	♈	07	30	♓	13	01	♑	00	10	♎	00	59	♎
08/10/2015	01:05:15	14	23	38	♎	20	06	♌	01	08	♎	29	24	♌	08	03	♍	12	15	♍	01	38	♐	18	40	♈	07	29	♓	13	01	♑	00	07	♎	00	60	♎
09/10/2015	01:09:11	15	22	53	♎	02	04	♍	00	56	♎	00	13	♍	08	40	♍	12	27	♍	01	43	♐	18	38	♈	07	28	♓	13	01	♑	00	03	♎	01	01	♎
10/10/2015	01:13:08	16	22	09	♎	13	55	♍	00	55	♎	01	03	♍	09	17	♍	12	39	♍	01	49	♐	18	36	♈	07	26	♓	13	02	♑	00	00	♎	01	02	♎
11/10/2015	01:17:04	17	21	27	♎	25	42	♍	01	04	♎	01	54	♍	09	54	♍	12	51	♍	01	55	♐	18	33	♈	07	25	♓	13	02	♑	29	57	♍	01	03	♎
12/10/2015	01:21:01	18	20	48	♎	07	29	♎	01	24	♎	02	45	♍	10	31	♍	13	03	♍	02	00	♐	18	31	♈	07	24	♓	13	03	♑	29	54	♍	01	03	♎
13/10/2015	01:24:57	19	20	11	♎	19	18	♎	01	54	♎	03	37	♍	11	08	♍	13	15	♍	02	06	♐	18	28	♈	07	23	♓	13	03	♑	29	51	♍	01	02	♎
14/10/2015	01:28:54	20	19	36	♎	01	10	♏	02	33	♎	04	30	♍	11	46	♍	13	26	♍	02	12	♐	18	26	♈	07	22	♓	13	04	♑	29	48	♍	01	00	♎
15/10/2015	01:32:50	21	19	02	♎	13	09	♏	03	20	♎	05	23	♍	12	23	♍	13	38	♍	02	18	♐	18	23	♈	07	21	♓	13	04	♑	29	44	♍	00	57	♎
16/10/2015	01:36:47	22	18	31	♎	25	16	♏	04	16	♎	06	17	♍	12	60	♍	13	49	♍	02	24	♐	18	21	♈	07	20	♓	13	05	♑	29	41	♍	00	54	♎
17/10/2015	01:40:44	23	18	02	♎	07	32	♐	05	19	♎	07	12	♍	13	37	♍	14	01	♍	02	30	♐	18	19	♈	07	19	♓	13	06	♑	29	38	♍	00	50	♎
18/10/2015	01:44:40	24	17	34	♎	20	01	♐	06	27	♎	08	07	♍	14	14	♍	14	12	♍	02	36	♐	18	16	♈	07	18	♓	13	06	♑	29	35	♍	00	47	♎
19/10/2015	01:48:37	25	17	09	♎	02	45	♑	07	42	♎	09	03	♍	14	50	♍	14	23	♍	02	42	♐	18	14	♈	07	17	♓	13	07	♑	29	32	♍	00	44	♎
20/10/2015	01:52:33	26	16	45	♎	15	45	♑	09	01	♎	09	59	♍	15	27	♍	14	35	♍	02	48	♐	18	11	♈	07	16	♓	13	08	♑	29	29	♍	00	42	♎
21/10/2015	01:56:30	27	16	23	♎	29	05	♑	10	24	♎	10	56	♍	16	04	♍	14	46	♍	02	55	♐	18	09	♈	07	15	♓	13	09	♑	29	25	♍	00	42	♎
22/10/2015	02:00:26	28	16	02	♎	12	47	♒	11	51	♎	11	54	♍	16	41	♍	14	57	♍	03	01	♐	18	07	♈	07	14	♓	13	09	♑	29	22	♍	00	43	♎
23/10/2015	02:04:23	29	15	43	♎	26	51	♒	13	20	♎	12	52	♍	17	18	♍	15	08	♍	03	07	♐	18	04	♈	07	13	♓	13	10	♑	29	19	♍	00	44	♎
24/10/2015	02:08:19	00	15	26	♏	11	17	♓	14	52	♎	13	50	♍	17	55	♍	15	19	♍	03	13	♐	18	02	♈	07	12	♓	13	11	♑	29	16	♍	00	45	♎
25/10/2015	02:12:16	01	15	11	♏	26	03	♓	16	26	♎	14	49	♍	18	31	♍	15	30	♍	03	20	♐	17	59	♈	07	11	♓	13	12	♑	29	13	♍	00	46	♎
26/10/2015	02:16:13	02	14	57	♏	11	02	♈	18	01	♎	15	49	♍	19	08	♍	15	41	♍	03	26	♐	17	57	♈	07	11	♓	13	13	♑	29	09	♍	00	46	♎
27/10/2015	02:20:09	03	14	45	♏	26	09	♈	19	38	♎	16	48	♍	19	45	♍	15	51	♍	03	33	♐	17	55	♈	07	10	♓	13	14	♑	29	06	♍	00	44	♎
28/10/2015	02:24:06	04	14	35	♏	11	13	♉	21	15	♎	17	49	♍	20	21	♍	16	02	♍	03	39	♐	17	52	♈	07	09	♓	13	15	♑	29	03	♍	00	41	♎
29/10/2015	02:28:02	05	14	27	♏	26	05	♉	22	54	♎	18	50	♍	20	58	♍	16	12	♍	03	46	♐	17	50	♈	07	08	♓	13	16	♑	28	60	♍	00	36	♎
30/10/2015	02:31:59	06	14	21	♏	10	37	♊	24	33	♎	19	51	♍	21	35	♍	16	23	♍	03	52	♐	17	48	♈	07	08	♓	13	17	♑	28	57	♍	00	31	♎
31/10/2015	02:35:55	07	14	18	♏	24	44	♊	26	12	♎	20	52	♍	22	11	♍	16	33	♍	03	59	♐	17	46	♈	07	07	♓	13	18	♑	28	54	♍	00	25	♎
01/11/2015	02:39:52	08	14	16	♏	08	23	♋	27	51	♎	21	54	♍	22	48	♍	16	43	♍	04	05	♐	17	43	♈	07	06	♓	13	19	♑	28	50	♍	00	21	♎
02/11/2015	02:43:48	09	14	17	♏	21	34	♋	29	31	♎	22	57	♍	23	24	♍	16	54	♍	04	12	♐	17	41	♈	07	06	♓	13	20	♑	28	47	♍	00	17	♎
03/11/2015	02:47:45	10	14	19	♏	04	19	♌	01	10	♏	23	59	♍	24	01	♍	17	04	♍	04	19	♐	17	39	♈	07	05	♓	13	21	♑	28	44	♍	00	16	♎
04/11/2015	02:51:42	11	14	24	♏	16	42	♌	02	49	♏	25	03	♍	24	37	♍	17	14	♍	04	25	♐	17	37	♈	07	05	♓	13	22	♑	28	41	♍	00	16	♎
05/11/2015	02:55:38	12	14	31	♏	28	49	♌	04	29	♏	26	06	♍	25	14	♍	17	24	♍	04	32	♐	17	35	♈	07	04	♓	13	23	♑	28	38	♍	00	17	♎
06/11/2015	02:59:35	13	14	40	♏	10	44	♍	06	08	♏	27	10	♍	25	50	♍	17	33	♍	04	39	♐	17	32	♈	07	04	♓	13	25	♑	28	35	♍	00	18	♎
07/11/2015	03:03:31	14	14	51	♏	22	32	♍	07	46	♏	28	14	♍	26	26	♍	17	43	♍	04	46	♐	17	30	♈	07	04	♓	13	26	♑	28	31	♍	00	20	♎
08/11/2015	03:07:28	15	15	04	♏	04	18	♎	09	25	♏	29	18	♍	27	03	♍	17	53	♍	04	53	♐	17	28	♈	07	03	♓	13	27	♑	28	28	♍	00	20	♎
09/11/2015	03:11:24	16	15	19	♏	16	06	♎	11	03	♏	00	23	♎	27	39	♍	18	02	♍	04	59	♐	17	26	♈	07	03	♓	13	28	♑	28	25	♍	00	18	♎
10/11/2015	03:15:21	17	15	36	♏	27	59	♎	12	41	♏	01	28	♎	28	15	♍	18	12	♍	05	06	♐	17	24	♈	07	02	♓	13	30	♑	28	22	♍	00	15	♎
11/11/2015	03:19:17	18	15	55	♏	10	00	♏	14	18	♏	02	33	♎	28	51	♍	18	21	♍	05	13	♐	17	22	♈	07	02	♓	13	31	♑	28	19	♍	00	09	♎
12/11/2015	03:23:14	19	16	15	♏	22	11	♏	15	55	♏	03	39	♎	29	27	♍	18	30	♍	05	20	♐	17	20	♈	07	02	♓	13	32	♑	28	15	♍	00	01	♎
13/11/2015	03:27:11	20	16	37	♏	04	32	♐	17	32	♏	04	45	♎	00	04	♎	18	39	♍	05	27	♐	17	18	♈	07	02	♓	13	34	♑	28	12	♍	29	51	♍
14/11/2015	03:31:07	21	17	01	♏	17	05	♐	19	09	♏	05	51	♎	00	40	♎	18	48	♍	05	34	♐	17	16	♈	07	02	♓	13	35	♑	28	09	♍	29	41	♍
15/11/2015	03:35:04	22	17	27	♏	29	49	♐	20	45	♏	06	57	♎	01	16	♎	18	57	♍	05	41	♐	17	14	♈	07	01	♓	13	37	♑	28	06	♍	29	32	♍
16/11/2015	03:39:00	23	17	54	♏	12	45	♑	22	21	♏	08	04	♎	01	52	♎	19	06	♍	05	48	♐	17	13	♈	07	01	♓	13	38	♑	28	03	♍	29	24	♍
17/11/2015	03:42:57	24	18	22	♏	25	54	♑	23	57	♏	09	11	♎	02	28	♎	19	14	♍	05	55	♐	17	11	♈	07	01	♓	13	40	♑	27	60	♍	29	18	♍
18/11/2015	03:46:53	25	18	51	♏	09	16	♒	25	32	♏	10	18	♎	03	04	♎	19	23	♍	06	02	♐	17	09	♈	07	01	♓	13	41	♑	27	56	♍	29	14	♍
19/11/2015	03:50:50	26	19	22	♏	22	53	♒	27	07	♏	11	25	♎	03	39	♎	19	31	♍	06	09	♐	17	07	♈	07	01	♓	13	43	♑	27	53	♍	29	13	♍
20/11/2015	03:54:46	27	19	54	♏	06	46	♓	28	42	♏	12	32	♎	04	15	♎	19	39	♍	06	16	♐	17	06	♈	07	01	♓	13	44	♑	27	50	♍	29	13	♍
21/11/2015	03:58:43	28	20	27	♏	20	54	♓	00	17	♐	13	40	♎	04	51	♎	19	47	♍	06	23	♐	17	04	♈	07	01	♓	13	46	♑	27	47	♍	29	14	♍
22/11/2015	04:02:40	29	21	01	♏	05	18	♈	01	51	♐	14	48	♎	05	27	♎	19	55	♍	06	30	♐	17	02	♈	07	01	♓	13	47	♑	27	44	♍	29	14	♍
23/11/2015	04:06:36	00	21	37	♐	19	55	♈	03	26	♐	15	56	♎	06	02	♎	20	03	♍	06	37	♐	17	01	♈	07	02	♓	13	49	♑	27	41	♍	29	12	♍
24/11/2015	04:10:33	01	22	14	♐	04	40	♉	04	60	♐	17	04	♎	06	38	♎	20	11	♍	06	44	♐	16	59	♈	07	02	♓	13	50	♑	27	37	♍	29	08	♍

DATA	T.Sider.	SOLE ☉			LUNA ☽			MERCURIO ☿			VENERE ♀			MARTE ♂			GIOVE ♃			SATURNO ♄			URANO ♅			NETTUNO ♆			PLUTONE P			LUNA ☊			LUNA ☊ T		
		°	'	"	°	'		°	'		°	'		°	'		°	'		°	'		°	'		°	'		°	'		°	'		°	'	
25/11/2015	04:14:29	02	22	52	♐	19	26	♉	06	34	♐	18	13	♎	07	14	♎	20	18	♍	06	52	♐	16	58	♈	07	02	♓	13	52	♑	27	34	♍	29	01	♍
26/11/2015	04:18:26	03	23	31	♐	04	06	♊	08	07	♐	19	22	♎	07	49	♎	20	26	♍	06	59	♐	16	56	♈	07	02	♓	13	54	♑	27	31	♍	28	51	♍
27/11/2015	04:22:22	04	24	12	♐	18	33	♊	09	41	♐	20	30	♎	08	25	♎	20	33	♍	07	06	♐	16	55	♈	07	02	♓	13	55	♑	27	28	♍	28	41	♍
28/11/2015	04:26:19	05	24	54	♐	02	39	♋	11	15	♐	21	40	♎	09	00	♎	20	40	♍	07	13	♐	16	53	♈	07	03	♓	13	57	♑	27	25	♍	28	30	♍
29/11/2015	04:30:15	06	25	38	♐	16	20	♋	12	48	♐	22	49	♎	09	36	♎	20	47	♍	07	20	♐	16	52	♈	07	03	♓	13	59	♑	27	21	♍	28	20	♍
30/11/2015	04:34:12	07	26	23	♐	29	34	♋	14	21	♐	23	58	♎	10	11	♎	20	54	♍	07	27	♐	16	51	♈	07	03	♓	14	01	♑	27	18	♍	28	12	♍
01/12/2015	04:38:09	08	27	10	♐	12	23	♌	15	54	♐	25	08	♎	10	46	♎	21	01	♍	07	34	♐	16	50	♈	07	04	♓	14	02	♑	27	15	♍	28	06	♍
02/12/2015	04:42:05	09	27	58	♐	24	50	♌	17	28	♐	26	17	♎	11	22	♎	21	08	♍	07	41	♐	16	48	♈	07	04	♓	14	04	♑	27	12	♍	28	03	♍
03/12/2015	04:46:02	10	28	47	♐	06	58	♍	19	01	♐	27	27	♎	11	57	♎	21	14	♍	07	48	♐	16	47	♈	07	05	♓	14	06	♑	27	09	♍	28	02	♍
04/12/2015	04:49:58	11	29	38	♐	18	54	♍	20	34	♐	28	37	♎	12	32	♎	21	20	♍	07	56	♐	16	46	♈	07	05	♓	14	08	♑	27	06	♍	28	02	♍
05/12/2015	04:53:55	12	30	30	♐	00	42	♎	22	07	♐	29	48	♎	13	07	♎	21	26	♍	08	03	♐	16	45	♈	07	06	♓	14	10	♑	27	02	♍	28	02	♍
06/12/2015	04:57:51	13	31	24	♐	12	29	♎	23	40	♐	00	58	♏	13	43	♎	21	32	♍	08	10	♐	16	44	♈	07	06	♓	14	11	♑	26	59	♍	28	01	♍
07/12/2015	05:01:48	14	32	19	♐	24	19	♎	25	12	♐	02	08	♏	14	18	♎	21	38	♍	08	17	♐	16	43	♈	07	07	♓	14	13	♑	26	56	♍	27	58	♍
08/12/2015	05:05:44	15	33	15	♐	06	17	♏	26	45	♐	03	19	♏	14	53	♎	21	44	♍	08	24	♐	16	42	♈	07	08	♓	14	15	♑	26	53	♍	27	52	♍
09/12/2015	05:09:41	16	34	12	♐	18	27	♏	28	18	♐	04	30	♏	15	27	♎	21	49	♍	08	31	♐	16	41	♈	07	08	♓	14	17	♑	26	50	♍	27	44	♍
10/12/2015	05:13:38	17	35	10	♐	00	49	♐	29	50	♐	05	41	♏	16	02	♎	21	55	♍	08	38	♐	16	40	♈	07	09	♓	14	19	♑	26	47	♍	27	33	♍
11/12/2015	05:17:34	18	36	10	♐	13	27	♐	01	22	♑	06	52	♏	16	37	♎	22	00	♍	08	45	♐	16	39	♈	07	10	♓	14	21	♑	26	43	♍	27	20	♍
12/12/2015	05:21:31	19	37	10	♐	26	19	♐	02	55	♑	08	03	♏	17	12	♎	22	05	♍	08	52	♐	16	39	♈	07	11	♓	14	23	♑	26	40	♍	27	06	♍
13/12/2015	05:25:27	20	38	11	♐	09	26	♑	04	27	♑	09	14	♏	17	47	♎	22	10	♍	08	59	♐	16	38	♈	07	11	♓	14	25	♑	26	37	♍	26	52	♍
14/12/2015	05:29:24	21	39	13	♐	22	44	♑	05	58	♑	10	25	♏	18	21	♎	22	15	♍	09	06	♐	16	37	♈	07	12	♓	14	27	♑	26	34	♍	26	40	♍
15/12/2015	05:33:20	22	40	16	♐	06	13	♒	07	29	♑	11	36	♏	18	56	♎	22	19	♍	09	13	♐	16	37	♈	07	13	♓	14	29	♑	26	31	♍	26	31	♍
16/12/2015	05:37:17	23	41	19	♐	19	50	♒	09	00	♑	12	48	♏	19	30	♎	22	24	♍	09	20	♐	16	36	♈	07	14	♓	14	30	♑	26	27	♍	26	26	♍
17/12/2015	05:41:13	24	42	22	♐	03	36	♓	10	30	♑	13	60	♏	20	05	♎	22	28	♍	09	27	♐	16	36	♈	07	15	♓	14	32	♑	26	24	♍	26	23	♍
18/12/2015	05:45:10	25	43	26	♐	17	29	♓	11	60	♑	15	11	♏	20	39	♎	22	32	♍	09	34	♐	16	35	♈	07	16	♓	14	34	♑	26	21	♍	26	22	♍
19/12/2015	05:49:07	26	44	30	♐	01	30	♈	13	29	♑	16	23	♏	21	14	♎	22	36	♍	09	41	♐	16	35	♈	07	17	♓	14	36	♑	26	18	♍	26	22	♍
20/12/2015	05:53:03	27	45	35	♐	15	38	♈	14	56	♑	17	35	♏	21	48	♎	22	39	♍	09	48	♐	16	35	♈	07	18	♓	14	38	♑	26	15	♍	26	21	♍
21/12/2015	05:57:00	28	46	39	♐	29	52	♈	16	23	♑	18	47	♏	22	22	♎	22	43	♍	09	55	♐	16	34	♈	07	19	♓	14	40	♑	26	12	♍	26	19	♍
22/12/2015	06:00:56	29	47	44	♐	14	11	♉	17	48	♑	19	59	♏	22	56	♎	22	46	♍	10	02	♐	16	34	♈	07	20	♓	14	42	♑	26	08	♍	26	14	♍
23/12/2015	06:04:53	00	48	49	♑	28	30	♉	19	12	♑	21	11	♏	23	30	♎	22	49	♍	10	08	♐	16	34	♈	07	21	♓	14	44	♑	26	05	♍	26	05	♍
24/12/2015	06:08:49	01	49	55	♑	12	45	♊	20	33	♑	22	24	♏	24	04	♎	22	52	♍	10	15	♐	16	34	♈	07	22	♓	14	47	♑	26	02	♍	25	55	♍
25/12/2015	06:12:46	02	51	01	♑	26	50	♊	21	52	♑	23	35	♏	24	38	♎	22	55	♍	10	22	♐	16	34	♈	07	24	♓	14	49	♑	25	59	♍	25	42	♍
26/12/2015	06:16:42	03	52	07	♑	10	40	♋	23	09	♑	24	48	♏	25	12	♎	22	58	♍	10	29	♐	16	34	♈	07	25	♓	14	51	♑	25	56	♍	25	29	♍
27/12/2015	06:20:39	04	53	14	♑	24	11	♋	24	22	♑	26	00	♏	25	46	♎	23	00	♍	10	36	♐	16	34	♈	07	26	♓	14	53	♑	25	52	♍	25	17	♍
28/12/2015	06:24:36	05	54	21	♑	07	21	♌	25	31	♑	27	13	♏	26	19	♎	23	02	♍	10	42	♐	16	34	♈	07	27	♓	14	55	♑	25	49	♍	25	07	♍
29/12/2015	06:28:32	06	55	29	♑	20	08	♌	26	36	♑	28	25	♏	26	53	♎	23	04	♍	10	49	♐	16	34	♈	07	29	♓	14	57	♑	25	46	♍	24	59	♍
30/12/2015	06:32:29	07	56	36	♑	02	35	♍	27	36	♑	29	38	♏	27	27	♎	23	06	♍	10	55	♐	16	34	♈	07	30	♓	14	59	♑	25	43	♍	24	55	♍
31/12/2015	06:36:25	08	57	45	♑	14	45	♍	28	30	♑	00	51	♐	27	60	♎	23	08	♍	11	02	♐	16	34	♈	07	31	♓	15	01	♑	25	40	♍	24	53	♍
01/01/2016	06:40:22	09	58	53	♑	26	42	♍	29	17	♑	02	04	♐	28	33	♎	23	09	♍	11	09	♐	16	34	♈	07	33	♓	15	03	♑	25	37	♍	24	52	♍

CONGIUNZIONI SOLE

	LN	S	MC	S	VE	S	MT	S	GV	S	ST	S	UR	S	NT	S	PL	S
01/01/2015																	2,9	♑︎♎︎
02/01/2015																	2,0	♑︎♎︎
03/01/2015																	1,0	♑︎♎︎
04/01/2015																	0,0	♑︎♎︎
05/01/2015																	1,0	♑︎♎︎
06/01/2015																	2,0	♑︎♎︎
07/01/2015																	3,0	♑︎♎︎
08/01/2015																	4,0	♑︎♎︎
09/01/2015																	4,9	♑︎♎︎
10/01/2015																		
11/01/2015																		
12/01/2015																		
13/01/2015																		
14/01/2015																		
15/01/2015																		
16/01/2015																		
17/01/2015																		
18/01/2015																		
19/01/2015																		
20/01/2015	7,7	♑︎♑︎																
21/01/2015	6,3	♒︎♒︎																
22/01/2015																		
23/01/2015																		
24/01/2015																		
25/01/2015																		
26/01/2015																		
27/01/2015																		
28/01/2015																		
29/01/2015			3,5	♒︎♒︎														
30/01/2015			1,3	♒︎♒︎														
31/01/2015			1,0	♒︎♒︎														
01/02/2015			3,2	♒︎♒︎														
02/02/2015																		
03/02/2015																		
04/02/2015																		
05/02/2015																		
06/02/2015																		
07/02/2015																		
08/02/2015																		
09/02/2015																		
10/02/2015																		
11/02/2015																		
12/02/2015																		
13/02/2015																		
14/02/2015																		
15/02/2015																		
16/02/2015																		
17/02/2015																		
18/02/2015																		
19/02/2015	0,1	♓︎♓︎																
20/02/2015																		
21/02/2015																		
22/02/2015																	4,1	♓︎♓︎
23/02/2015																	3,1	♓︎♓︎
24/02/2015																	2,1	♓︎♓︎
25/02/2015																	1,2	♓︎♓︎
26/02/2015																	0,2	♓︎♓︎
27/02/2015																	0,8	♓︎♓︎
28/02/2015																	1,7	♓︎♓︎
01/03/2015																	2,7	♓︎♓︎
02/03/2015																	3,7	♓︎♓︎
03/03/2015																	4,6	♓︎♓︎
04/03/2015																		
05/03/2015																		
06/03/2015																		
07/03/2015																		
08/03/2015																		

CONGIUNZIONI SOLE

	LN	S	MC	S	VE	S	MT	S	GV	S	ST	S	UR	S	NT	S	PL	S
09/03/2015																		
10/03/2015																		
11/03/2015																		
12/03/2015																		
13/03/2015																		
14/03/2015																		
15/03/2015																		
16/03/2015																		
17/03/2015																		
18/03/2015																		
19/03/2015																		
20/03/2015	5,7	♓♓																
21/03/2015	8,5	♈♈																
22/03/2015																		
23/03/2015																		
24/03/2015																		
25/03/2015																		
26/03/2015																		
27/03/2015																		
28/03/2015																		
29/03/2015																		
30/03/2015																		
31/03/2015																		
01/04/2015																		
02/04/2015													4,3	♈♈				
03/04/2015													3,3	♈♈				
04/04/2015													2,4	♈♈				
05/04/2015													1,5	♈♈				
06/04/2015			4,4	♈♈									0,5	♈♈				
07/04/2015			3,4	♈♈									0,4	♈♈				
08/04/2015			2,3	♈♈									1,3	♈♈				
09/04/2015			1,3	♈♈									2,2	♈♈				
10/04/2015			0,2	♈♈									3,2	♈♈				
11/04/2015			0,9	♈♈									4,1	♈♈				
12/04/2015			2,0	♈♈														
13/04/2015			3,1	♈♈														
14/04/2015			4,3	♈♈														
15/04/2015																		
16/04/2015																		
17/04/2015																		
18/04/2015																		
19/04/2015	2,9	♈♉																
20/04/2015																		
21/04/2015																		
22/04/2015																		
23/04/2015																		
24/04/2015																		
25/04/2015																		
26/04/2015																		
27/04/2015																		
28/04/2015																		
29/04/2015																		
30/04/2015																		
01/05/2015																		
02/05/2015																		
03/05/2015																		
04/05/2015																		
05/05/2015																		
06/05/2015																		
07/05/2015																		
08/05/2015																		
09/05/2015																		
10/05/2015																		
11/05/2015																		
12/05/2015																		
13/05/2015																		
14/05/2015																		
15/05/2015																		

CONGIUNZIONI SOLE

Data	LN	S	MC	S	VE	S	MT	S	GV	S	ST	S	UR	S	NT	S	PL	S
16/05/2015																		
17/05/2015																		
18/05/2015	2,3	♉♉																
19/05/2015																		
20/05/2015																		
21/05/2015																		
22/05/2015																		
23/05/2015																		
24/05/2015																		
25/05/2015																		
26/05/2015																		
27/05/2015																		
28/05/2015			4,1	♊♊			4,8	♊♊										
29/05/2015			2,6	♊♊			4,5	♊♊										
30/05/2015			1,1	♊♊			4,2	♊♊										
31/05/2015			0,4	♊♊			4,0	♊♊										
01/06/2015			2,0	♊♊			3,7	♊♊										
02/06/2015			3,5	♊♊			3,4	♊♊										
03/06/2015			5,0	♊♊			3,2	♊♊										
04/06/2015							2,9	♊♊										
05/06/2015							2,6	♊♊										
06/06/2015							2,4	♊♊										
07/06/2015							2,1	♊♊										
08/06/2015							1,8	♊♊										
09/06/2015							1,5	♊♊										
10/06/2015							1,3	♊♊										
11/06/2015							1,0	♊♊										
12/06/2015							0,7	♊♊										
13/06/2015							0,5	♊♊										
14/06/2015							0,2	♊♊										
15/06/2015							0,1	♊♊										
16/06/2015	7,4	♊♊					0,4	♊♊										
17/06/2015	5,1	♊♋					0,6	♊♊										
18/06/2015							0,9	♊♊										
19/06/2015							1,2	♊♊										
20/06/2015							1,5	♊♊										
21/06/2015							1,7	♊♊										
22/06/2015							2,0	♋♊										
23/06/2015							2,3	♋♊										
24/06/2015							2,6	♋♊										
25/06/2015							2,9	♋♋										
26/06/2015							3,1	♋♋										
27/06/2015							3,4	♋♋										
28/06/2015							3,7	♋♋										
29/06/2015							4,0	♋♋										
30/06/2015							4,3	♋♋										
01/07/2015							4,5	♋♋										
02/07/2015							4,8	♋♋										
03/07/2015																		
04/07/2015																		
05/07/2015																		
06/07/2015																		
07/07/2015																		
08/07/2015																		
09/07/2015																		
10/07/2015																		
11/07/2015																		
12/07/2015																		
13/07/2015																		
14/07/2015																		
15/07/2015																		
16/07/2015	0,7	♋♋																
17/07/2015																		
18/07/2015																		
19/07/2015																		
20/07/2015			4,5	♋♋														
21/07/2015			3,3	♋♋														
22/07/2015			2,1	♋♋														

CONGIUNZIONI SOLE

	LN	S	MC	S	VE	S	MT	S	GV	S	ST	S	UR	S	NT	S	PL	S
23/07/2015			0,9	♋♋														
24/07/2015			0,2	♌♌														
25/07/2015			1,4	♌♌														
26/07/2015			2,5	♌♌														
27/07/2015			3,6	♌♌														
28/07/2015			4,7	♌♌														
29/07/2015																		
30/07/2015																		
31/07/2015																		
01/08/2015																		
02/08/2015																		
03/08/2015																		
04/08/2015																		
05/08/2015																		
06/08/2015																		
07/08/2015																		
08/08/2015																		
09/08/2015																		
10/08/2015																		
11/08/2015																		
12/08/2015																		
13/08/2015					4,4	♌♌												
14/08/2015	7,0	♌♌			2,9	♌♌												
15/08/2015	4,2	♌♌			1,3	♌♌												
16/08/2015					0,3	♌♌												
17/08/2015					1,9	♌♌												
18/08/2015					3,5	♌♌												
19/08/2015																		
20/08/2015																		
21/08/2015									4,4	♌♍								
22/08/2015									3,7	♌♍								
23/08/2015									2,9	♌♍								
24/08/2015									2,2	♍♍								
25/08/2015									1,4	♍♍								
26/08/2015									0,7	♍♍								
27/08/2015									0,1	♍♍								
28/08/2015									0,8	♍♍								
29/08/2015									1,6	♍♍								
30/08/2015									2,3	♍♍								
31/08/2015									3,1	♍♍								
01/09/2015									3,8	♍♍								
02/09/2015									4,6	♍♍								
03/09/2015																		
04/09/2015																		
05/09/2015																		
06/09/2015																		
07/09/2015																		
08/09/2015																		
09/09/2015																		
10/09/2015																		
11/09/2015																		
12/09/2015																		
13/09/2015	3,0	♍♍																
14/09/2015	7,8	♍♍																
15/09/2015																		
16/09/2015																		
17/09/2015																		
18/09/2015																		
19/09/2015																		
20/09/2015																		
21/09/2015																		
22/09/2015																		
23/09/2015																		
24/09/2015																		
25/09/2015																		
26/09/2015																		
27/09/2015																		
28/09/2015																		

CONGIUNZIONI SOLE

Data	LN	S	MC	S	VE	S	MT	S	GV	S	ST	S	UR	S	NT	S	PL	S
29/09/2015			3,4	♎♎														
30/09/2015			1,3	♎♎														
01/10/2015			0,8	♎♎														
02/10/2015			2,9	♎♎														
03/10/2015			4,9	♎♎														
04/10/2015																		
05/10/2015																		
06/10/2015																		
07/10/2015																		
08/10/2015																		
09/10/2015																		
10/10/2015																		
11/10/2015																		
12/10/2015																		
13/10/2015	0,0	♎♎																
14/10/2015																		
15/10/2015																		
16/10/2015																		
17/10/2015																		
18/10/2015																		
19/10/2015																		
20/10/2015																		
21/10/2015																		
22/10/2015																		
23/10/2015																		
24/10/2015																		
25/10/2015																		
26/10/2015																		
27/10/2015																		
28/10/2015																		
29/10/2015																		
30/10/2015																		
31/10/2015																		
01/11/2015																		
02/11/2015																		
03/11/2015																		
04/11/2015																		
05/11/2015																		
06/11/2015																		
07/11/2015																		
08/11/2015																		
09/11/2015																		
10/11/2015			4,6	♏♏														
11/11/2015	8,3	♏♏	4,0	♏♏														
12/11/2015	2,9	♏♏	3,3	♏♏														
13/11/2015			2,7	♏♏														
14/11/2015			2,1	♏♏														
15/11/2015			1,5	♏♏														
16/11/2015			0,9	♏♏														
17/11/2015			0,4	♏♏														
18/11/2015			0,2	♏♏														
19/11/2015			0,8	♏♏														
20/11/2015			1,4	♏♏														
21/11/2015			1,9	♏♐														
22/11/2015			2,5	♏♐														
23/11/2015			3,1	♐♐														
24/11/2015			3,6	♐♐														
25/11/2015			4,2	♐♐							4,5	♐♐						
26/11/2015			4,7	♐♐							3,6	♐♐						
27/11/2015											2,7	♐♐						
28/11/2015											1,8	♐♐						
29/11/2015											0,9	♐♐						
30/11/2015											0,0	♐♐						
01/12/2015											0,9	♐♐						
02/12/2015											1,8	♐♐						
03/12/2015											2,7	♐♐						
04/12/2015											3,6	♐♐						
05/12/2015											4,5	♐♐						

CONGIUNZIONI SOLE

	LN	S	MC	S	VE	S	MT	S	GV	S	ST	S	UR	S	NT	S	PL	S
06/12/2015																		
07/12/2015																		
08/12/2015																		
09/12/2015																		
10/12/2015																		
11/12/2015	5,2	♐♐																
12/12/2015	6,7	♐♐																
13/12/2015																		
14/12/2015																		
15/12/2015																		
16/12/2015																		
17/12/2015																		
18/12/2015																		
19/12/2015																		
20/12/2015																		
21/12/2015																		
22/12/2015																		
23/12/2015																		
24/12/2015																		
25/12/2015																		
26/12/2015																		
27/12/2015																		
28/12/2015																		
29/12/2015																		
30/12/2015																		
31/12/2015																		
01/01/2016																		

CONGIUNZIONI LUNA

Date	MC	S	VE	S	MT	S	GV	S	ST	S	UR	S	NT	S	PL	S
01/01/2015																
02/01/2015																
03/01/2015																
04/01/2015																
05/01/2015																
06/01/2015																
07/01/2015																
08/01/2015							2,6	♌♌								
09/01/2015							9,4	♍♌								
10/01/2015																
11/01/2015																
12/01/2015																
13/01/2015																
14/01/2015																
15/01/2015																
16/01/2015									6,7	♏♐						
17/01/2015									6,6	♐♐						
18/01/2015																
19/01/2015																6,6	♑♑
20/01/2015																8,1	♑♑
21/01/2015																
22/01/2015	4,9	♒♒	1,0	♒♒												
23/01/2015					1,3	♓♓							1,0	♓♓		
24/01/2015																
25/01/2015											6,8	♈♈				
26/01/2015											7,3	♈♈				
27/01/2015																
28/01/2015																
29/01/2015																
30/01/2015																
31/01/2015																
01/02/2015																
02/02/2015																
03/02/2015																
04/02/2015							2,8	♌♌								
05/02/2015							9,3	♌♌								
06/02/2015																
07/02/2015																
08/02/2015																
09/02/2015																
10/02/2015																
11/02/2015																
12/02/2015																
13/02/2015									0,3	♐♐						
14/02/2015																
15/02/2015																
16/02/2015																0,5	♑♑
17/02/2015	3,0	♑♒														
18/02/2015																
19/02/2015												6,9	♓♓			
20/02/2015												8,4	♓♓			
21/02/2015			0,3	♈♈	0,3	♈♈										
22/02/2015											1,2	♈♈				
23/02/2015																
24/02/2015																
25/02/2015																
26/02/2015																
27/02/2015																
28/02/2015																
01/03/2015																
02/03/2015																
03/03/2015							2,4	♌♌								
04/03/2015							9,6	♌♌								
05/03/2015																
06/03/2015																
07/03/2015																
08/03/2015																

CONGIUNZIONI LUNA

Data	MC	S	VE	S	MT	S	GV	S	ST	S	UR	S	NT	S	PL	S
09/03/2015																
10/03/2015																
11/03/2015																
12/03/2015											4,7	♐♐				
13/03/2015											8,2	♐♐				
14/03/2015																
15/03/2015															5,4	♑♑
16/03/2015															8,6	♑♑
17/03/2015																
18/03/2015																
19/03/2015	0,8	♓♓											0,2	♓♓		
20/03/2015																
21/03/2015											7,0	♈♈				
22/03/2015					0,7	♈♈					7,9	♈♈				
23/03/2015			1,4	♉♉												
24/03/2015																
25/03/2015																
26/03/2015																
27/03/2015																
28/03/2015																
29/03/2015																
30/03/2015							3,6	♌♌								
31/03/2015							8,3	♌♌								
01/04/2015																
02/04/2015																
03/04/2015																
04/04/2015																
05/04/2015																
06/04/2015																
07/04/2015																
08/04/2015									7,1	♏♐						
09/04/2015									5,6	♐♐						
10/04/2015																
11/04/2015															9,3	♑♑
12/04/2015															4,2	♑♑
13/04/2015																
14/04/2015																
15/04/2015													6,6	♓♓		
16/04/2015													8,1	♓♓		
17/04/2015																
18/04/2015											0,4	♈♈				
19/04/2015	6,9	♉♉														
20/04/2015	5,6	♉♉			1,9	♉♉										
21/04/2015																
22/04/2015			2,2	♊♊												
23/04/2015																
24/04/2015																
25/04/2015																
26/04/2015							7,6	♌♌								
27/04/2015							4,4	♌♌								
28/04/2015																
29/04/2015																
30/04/2015																
01/05/2015																
02/05/2015																
03/05/2015																
04/05/2015																
05/05/2015									8,9	♏♐						
06/05/2015									4,0	♐♐						
07/05/2015																
08/05/2015																
09/05/2015															1,2	♑♑
10/05/2015																
11/05/2015																
12/05/2015																
13/05/2015													2,9	♓♓		
14/05/2015																

CONGIUNZIONI LUNA

Data	MC	S	VE	S	MT	S	GV	S	ST	S	UR	S	NT	S	PL	S
15/05/2015											7,2	♈♈				
16/05/2015											7,2	♈♈				
17/05/2015																
18/05/2015					9,7	♉Ⅱ										
19/05/2015	4,7	ⅡⅡ			3,6	ⅡⅡ										
20/05/2015	9,1	ⅡⅡ														
21/05/2015			8,6	♋♋												
22/05/2015			3,4	♋♋												
23/05/2015																
24/05/2015							2,1	♌♌								
25/05/2015							9,9	♌♌								
26/05/2015																
27/05/2015																
28/05/2015																
29/05/2015																
30/05/2015																
31/05/2015																
01/06/2015																
02/06/2015									2,0	♐♐						
03/06/2015																
04/06/2015																
05/06/2015															1,8	♑♑
06/06/2015																
07/06/2015																
08/06/2015																
09/06/2015													0,6	♓♓		
10/06/2015																
11/06/2015																
12/06/2015											1,9	♈♈				
13/06/2015																
14/06/2015																
15/06/2015	1,4	ⅡⅡ														
16/06/2015					7,0	ⅡⅡ										
17/06/2015					5,8	♋Ⅱ										
18/06/2015																
19/06/2015																
20/06/2015			3,8	♌♌												
21/06/2015			7,6	♌♌			1,7	♌♌								
22/06/2015																
23/06/2015																
24/06/2015																
25/06/2015																
26/06/2015																
27/06/2015																
28/06/2015																
29/06/2015									1,0	♏♏						
30/06/2015																
01/07/2015																
02/07/2015															5,8	♑♑
03/07/2015															8,3	♑♑
04/07/2015																
05/07/2015																
06/07/2015													3,9	♓♓		
07/07/2015																
08/07/2015																
09/07/2015											1,9	♈♈				
10/07/2015																
11/07/2015																
12/07/2015																
13/07/2015																
14/07/2015																
15/07/2015	2,3	♋♋			4,0	♋♋										
16/07/2015	8,4	♋♋			8,2	♋♋										
17/07/2015																
18/07/2015							7,4	♌♌								
19/07/2015			0,4	♌♍			4,5	♌♌								
20/07/2015																

CONGIUNZIONI LUNA

Data	MC	S	VE	S	MT	S	GV	S	ST	S	UR	S	NT	S	PL	S
21/07/2015																
22/07/2015																
23/07/2015																
24/07/2015																
25/07/2015																
26/07/2015									4,9	♏♏						
27/07/2015									7,9	♐♏						
28/07/2015																
29/07/2015																
30/07/2015																3,3	♑♑
31/07/2015																
01/08/2015																
02/08/2015													8,3	♓♓		
03/08/2015													6,5	♓♓		
04/08/2015																
05/08/2015											5,6	♈♈				
06/08/2015											8,7	♈♈				
07/08/2015																
08/08/2015																
09/08/2015																
10/08/2015																
11/08/2015																
12/08/2015																
13/08/2015					1,0	♌♌										
14/08/2015			9,8	♌♌												
15/08/2015			3,0	♌♌			4,7	♌♍								
16/08/2015	5,5	♍♍					7,1	♍♍								
17/08/2015	4,8	♍♍														
18/08/2015																
19/08/2015																
20/08/2015																
21/08/2015																
22/08/2015									9,2	♏♏						
23/08/2015									3,1	♐♏						
24/08/2015																
25/08/2015																
26/08/2015															2,1	♑♑
27/08/2015																
28/08/2015																
29/08/2015																
30/08/2015													1,0	♓♓		
31/08/2015																
01/09/2015																
02/09/2015											4,5	♈♈				
03/09/2015																
04/09/2015																
05/09/2015																
06/09/2015																
07/09/2015																
08/09/2015																
09/09/2015																
10/09/2015			3,7	♌♌	9,6	♌♌										
11/09/2015			8,2	♌♌	1,9	♌♌										
12/09/2015							1,8	♍♍								
13/09/2015							9,8	♍♍								
14/09/2015																
15/09/2015	5,1	♎♎														
16/09/2015	6,5	♎♎														
17/09/2015																
18/09/2015																
19/09/2015									1,9	♏♐						
20/09/2015																
21/09/2015																
22/09/2015															6,7	♑♑
23/09/2015															6,7	♑♑
24/09/2015																
25/09/2015																

CONGIUNZIONI LUNA

Data	MC	S	VE	S	MT	S	GV	S	ST	S	UR	S	NT	S	PL	S
26/09/2015													5,1	♓♓		
27/09/2015													9,9	♓♓		
28/09/2015																
29/09/2015													1,0	♈♈		
30/09/2015																
01/10/2015																
02/10/2015																
03/10/2015																
04/10/2015																
05/10/2015																
06/10/2015																
07/10/2015																
08/10/2015			9,3	♌♌												
09/10/2015			1,8	♍♍	6,6	♍♍										
10/10/2015					4,6	♍♍	1,3	♍♍								
11/10/2015	5,4	♍♎														
12/10/2015	6,1	♎♎														
13/10/2015																
14/10/2015																
15/10/2015																
16/10/2015									7,1	♏♐						
17/10/2015									5,0	♐♐						
18/10/2015																
19/10/2015																
20/10/2015															2,6	♑♑
21/10/2015																
22/10/2015																
23/10/2015																
24/10/2015													4,1	♓♓		
25/10/2015																
26/10/2015											6,9	♈♈				
27/10/2015											8,2	♈♈				
28/10/2015																
29/10/2015																
30/10/2015																
31/10/2015																
01/11/2015																
02/11/2015																
03/11/2015																
04/11/2015																
05/11/2015																
06/11/2015							6,8	♍♍								
07/11/2015			5,7	♍♍	3,9	♍♍	4,8	♍♍								
08/11/2015			5,0	♎♍	7,3	♎♍										
09/11/2015																
10/11/2015																
11/11/2015	4,3	♏♏														
12/11/2015	6,3	♏♏														
13/11/2015									0,9	♐♐						
14/11/2015																
15/11/2015																
16/11/2015															0,9	♑♑
17/11/2015																
18/11/2015																
19/11/2015																
20/11/2015													0,3	♓♓		
21/11/2015																
22/11/2015																
23/11/2015											2,9	♈♈				
24/11/2015																
25/11/2015																
26/11/2015																
27/11/2015																
28/11/2015																
29/11/2015																
30/11/2015																
01/12/2015																

CONGIUNZIONI LUNA

	MC	S	VE	S	MT	S	GV	S	ST	S	UR	S	NT	S	PL	S
02/12/2015																
03/12/2015																
04/12/2015							2,4	♍♍								
05/12/2015							9,3	♎♍								
06/12/2015						1,2	♎♎									
07/12/2015			7,8	♎♏												
08/12/2015			3,0	♏♏												
09/12/2015																
10/12/2015									7,8	♐♐						
11/12/2015									4,7	♐♐						
12/12/2015	6,6	♐♑														
13/12/2015	5,0	♑♑													5,0	♑♑
14/12/2015															8,3	♑♑
15/12/2015																
16/12/2015																
17/12/2015													3,6	♓♓		
18/12/2015																
19/12/2015																
20/12/2015											0,9	♈♈				
21/12/2015																
22/12/2015																
23/12/2015																
24/12/2015																
25/12/2015																
26/12/2015																
27/12/2015																
28/12/2015																
29/12/2015																
30/12/2015																
31/12/2015							8,4	♍♍								
01/01/2016							3,5	♍♍								

CONGIUNZIONI MERCURIO

Data	VN	S	MT	S	GV	S	ST	S	UR	S	NT	S	PL	S
01/01/2015	3,1	♑ ♑												
02/01/2015	2,7	♑ ♑												
03/01/2015	2,4	♑ ♑												
04/01/2015	2,1	♑ ♒												
05/01/2015	1,8	♑ ♒												
06/01/2015	1,5	♒ ♒												
07/01/2015	1,3	♒ ♒												
08/01/2015	1,0	♒ ♒												
09/01/2015	0,8	♒ ♒												
10/01/2015	0,7	♒ ♒												
11/01/2015	0,6	♒ ♒												
12/01/2015	0,5	♒ ♒												
13/01/2015	0,6	♒ ♒												
14/01/2015	0,7	♒ ♒												
15/01/2015	0,8	♒ ♒												
16/01/2015	1,1	♒ ♒												
17/01/2015	1,6	♒ ♒												
18/01/2015	2,1	♒ ♒												
19/01/2015	2,8	♒ ♒												
20/01/2015	3,7	♒ ♒												
21/01/2015	4,7	♒ ♒												
22/01/2015														
23/01/2015														
24/01/2015														
25/01/2015														
26/01/2015														
27/01/2015														
28/01/2015														
29/01/2015														
30/01/2015														
31/01/2015														
01/02/2015														
02/02/2015														
03/02/2015														
04/02/2015														
05/02/2015														
06/02/2015														
07/02/2015														
08/02/2015														
09/02/2015														
10/02/2015														
11/02/2015														
12/02/2015														
13/02/2015														
14/02/2015														
15/02/2015														
16/02/2015														
17/02/2015														
18/02/2015														
19/02/2015														
20/02/2015														
21/02/2015														
22/02/2015														
23/02/2015														
24/02/2015														
25/02/2015														
26/02/2015														
27/02/2015														
28/02/2015														
01/03/2015														
02/03/2015														
03/03/2015														
04/03/2015														
05/03/2015														
06/03/2015														
07/03/2015														
08/03/2015														

CONGIUNZIONI MERCURIO

	VN	S	MT	S	GV	S	ST	S	UR	S	NT	S	PL	S
09/03/2015														
10/03/2015														
11/03/2015														
12/03/2015														
13/03/2015														
14/03/2015														
15/03/2015														
16/03/2015											3,6	♓♓		
17/03/2015											2,1	♓♓		
18/03/2015											0,6	♓♓		
19/03/2015											1,0	♓♓		
20/03/2015											2,6	♓♓		
21/03/2015											4,2	♓♓		
22/03/2015														
23/03/2015														
24/03/2015														
25/03/2015														
26/03/2015														
27/03/2015														
28/03/2015														
29/03/2015														
30/03/2015														
31/03/2015														
01/04/2015														
02/04/2015														
03/04/2015														
04/04/2015														
05/04/2015														
06/04/2015										4,9	♈♈			
07/04/2015										3,0	♈♈			
08/04/2015										1,0	♈♈			
09/04/2015										1,0	♈♈			
10/04/2015										3,0	♈♈			
11/04/2015										5,0	♈♈			
12/04/2015														
13/04/2015														
14/04/2015														
15/04/2015														
16/04/2015														
17/04/2015														
18/04/2015														
19/04/2015														
20/04/2015			3,7	♉♉										
21/04/2015			2,4	♉♉										
22/04/2015			1,2	♉♉										
23/04/2015			0,0	♉♉										
24/04/2015			1,2	♉♉										
25/04/2015			2,3	♉♉										
26/04/2015			3,4	♉♉										
27/04/2015			4,4	♉♉										
28/04/2015														
29/04/2015														
30/04/2015														
01/05/2015														
02/05/2015														
03/05/2015														
04/05/2015														
05/05/2015														
06/05/2015														
07/05/2015														
08/05/2015														
09/05/2015														
10/05/2015														
11/05/2015														
12/05/2015														
13/05/2015														
14/05/2015														

CONGIUNZIONI MERCURIO

Data	VN	S	MT	S	GV	S	ST	S	UR	S	NT	S	PL	S
15/05/2015														
16/05/2015														
17/05/2015														
18/05/2015														
19/05/2015														
20/05/2015														
21/05/2015														
22/05/2015														
23/05/2015			4,9	♊♊										
24/05/2015			3,9	♊♊										
25/05/2015			2,8	♊♊										
26/05/2015			1,7	♊♊										
27/05/2015			0,5	♊♊										
28/05/2015			0,7	♊♊										
29/05/2015			1,9	♊♊										
30/05/2015			3,2	♊♊										
31/05/2015			4,4	♊♊										
01/06/2015														
02/06/2015														
03/06/2015														
04/06/2015														
05/06/2015														
06/06/2015														
07/06/2015														
08/06/2015														
09/06/2015														
10/06/2015														
11/06/2015														
12/06/2015														
13/06/2015														
14/06/2015														
15/06/2015														
16/06/2015														
17/06/2015														
18/06/2015														
19/06/2015														
20/06/2015														
21/06/2015														
22/06/2015														
23/06/2015														
24/06/2015														
25/06/2015														
26/06/2015														
27/06/2015														
28/06/2015														
29/06/2015														
30/06/2015														
01/07/2015														
02/07/2015														
03/07/2015														
04/07/2015														
05/07/2015														
06/07/2015														
07/07/2015														
08/07/2015														
09/07/2015														
10/07/2015														
11/07/2015														
12/07/2015														
13/07/2015			4,4	♋♋										
14/07/2015			3,0	♋♋										
15/07/2015			1,7	♋♋										
16/07/2015			0,3	♋♋										
17/07/2015			1,2	♋♋										
18/07/2015			2,6	♋♋										
19/07/2015			4,1	♋♋										
20/07/2015														

CONGIUNZIONI MERCURIO

Data	VN	S	MT	S	GV	S	ST	S	UR	S	NT	S	PL	S
21/07/2015														
22/07/2015														
23/07/2015														
24/07/2015														
25/07/2015														
26/07/2015														
27/07/2015														
28/07/2015														
29/07/2015														
30/07/2015														
31/07/2015														
01/08/2015														
02/08/2015														
03/08/2015														
04/08/2015														
05/08/2015	3,6	♌♌			3,7	♌♌								
06/08/2015	1,4	♌♌			2,1	♌♌								
07/08/2015	0,9	♌♌			0,5	♌♌								
08/08/2015	3,2	♍♌			1,1	♍♌								
09/08/2015					2,6	♍♌								
10/08/2015					4,1	♍♌								
11/08/2015														
12/08/2015														
13/08/2015														
14/08/2015														
15/08/2015														
16/08/2015														
17/08/2015														
18/08/2015														
19/08/2015														
20/08/2015														
21/08/2015														
22/08/2015														
23/08/2015														
24/08/2015														
25/08/2015														
26/08/2015														
27/08/2015														
28/08/2015														
29/08/2015														
30/08/2015														
31/08/2015														
01/09/2015														
02/09/2015														
03/09/2015														
04/09/2015														
05/09/2015														
06/09/2015														
07/09/2015														
08/09/2015														
09/09/2015														
10/09/2015														
11/09/2015														
12/09/2015														
13/09/2015														
14/09/2015														
15/09/2015														
16/09/2015														
17/09/2015														
18/09/2015														
19/09/2015														
20/09/2015														
21/09/2015														
22/09/2015														
23/09/2015														
24/09/2015														
25/09/2015														

CONGIUNZIONI MERCURIO

	VN	S	MT	S	GV	S	ST	S	UR	S	NT	S	PL	S
26/09/2015														
27/09/2015														
28/09/2015														
29/09/2015														
30/09/2015														
01/10/2015														
02/10/2015														
03/10/2015														
04/10/2015														
05/10/2015														
06/10/2015														
07/10/2015														
08/10/2015														
09/10/2015														
10/10/2015														
11/10/2015														
12/10/2015														
13/10/2015														
14/10/2015														
15/10/2015														
16/10/2015														
17/10/2015														
18/10/2015														
19/10/2015														
20/10/2015														
21/10/2015														
22/10/2015														
23/10/2015														
24/10/2015														
25/10/2015														
26/10/2015														
27/10/2015														
28/10/2015														
29/10/2015														
30/10/2015														
31/10/2015														
01/11/2015														
02/11/2015														
03/11/2015														
04/11/2015														
05/11/2015														
06/11/2015														
07/11/2015														
08/11/2015														
09/11/2015														
10/11/2015														
11/11/2015														
12/11/2015														
13/11/2015														
14/11/2015														
15/11/2015														
16/11/2015														
17/11/2015														
18/11/2015														
19/11/2015														
20/11/2015														
21/11/2015														
22/11/2015								4,6	♐♐						
23/11/2015								3,2	♐♐						
24/11/2015								1,7	♐♐						
25/11/2015								0,3	♐♐						
26/11/2015								1,1	♐♐						
27/11/2015								2,6	♐♐						
28/11/2015								4,0	♐♐						
29/11/2015														
30/11/2015														
01/12/2015														

CONGIUNZIONI MERCURIO

	VN	S	MT	S	GV	S	ST	S	UR	S	NT	S	PL	S
02/12/2015														
03/12/2015														
04/12/2015														
05/12/2015														
06/12/2015														
07/12/2015														
08/12/2015														
09/12/2015														
10/12/2015														
11/12/2015														
12/12/2015														
13/12/2015														
14/12/2015														
15/12/2015														
16/12/2015														
17/12/2015														4,0	♑♑
18/12/2015														2,6	♑♑
19/12/2015														1,1	♑♑
20/12/2015														0,3	♑♑
21/12/2015														1,7	♑♑
22/12/2015														3,1	♑♑
23/12/2015														4,5	♑♑
24/12/2015															
25/12/2015															
26/12/2015															
27/12/2015															
28/12/2015															
29/12/2015															
30/12/2015															
31/12/2015															
01/01/2016															

CONGIUNZIONI VENERE

Data	MT	S	GV	S	ST	S	UR	S	NT	S	PL	S
01/01/2015												
02/01/2015												
03/01/2015												
04/01/2015												
05/01/2015												
06/01/2015												
07/01/2015												
08/01/2015												
09/01/2015												
10/01/2015												
11/01/2015												
12/01/2015												
13/01/2015												
14/01/2015												
15/01/2015												
16/01/2015												
17/01/2015												
18/01/2015												
19/01/2015												
20/01/2015												
21/01/2015												
22/01/2015												
23/01/2015												
24/01/2015												
25/01/2015												
26/01/2015												
27/01/2015												
28/01/2015												
29/01/2015										4,5	♓♓		
30/01/2015									3,3	♓♓		
31/01/2015									2,1	♓♓		
01/02/2015									0,9	♓♓		
02/02/2015									0,3	♓♓		
03/02/2015									1,5	♓♓		
04/02/2015									2,7	♓♓		
05/02/2015									3,9	♓♓		
06/02/2015												
07/02/2015												
08/02/2015												
09/02/2015												
10/02/2015												
11/02/2015												
12/02/2015	4,7	♓♓										
13/02/2015	4,3	♓♓										
14/02/2015	3,8	♓♓										
15/02/2015	3,3	♓♓										
16/02/2015	2,9	♓♓										
17/02/2015	2,4	♓♓										
18/02/2015	2,0	♓♓										
19/02/2015	1,5	♓♓										
20/02/2015	1,0	♓♓										
21/02/2015	0,6	♈♈										
22/02/2015	0,1	♈♈										
23/02/2015	0,4	♈♈										
24/02/2015	0,8	♈♈										
25/02/2015	1,3	♈♈										
26/02/2015	1,7	♈♈										
27/02/2015	2,2	♈♈										
28/02/2015	2,7	♈♈										
01/03/2015	3,1	♈♈					4,4	♈♈				
02/03/2015	3,6	♈♈					3,3	♈♈				
03/03/2015	4,0	♈♈					2,1	♈♈				
04/03/2015	4,5	♈♈					0,9	♈♈				
05/03/2015	5,0	♈♈					0,3	♈♈				
06/03/2015							1,4	♈♈				
07/03/2015							2,6	♈♈				
08/03/2015							3,8	♈♈				

CONGIUNZIONI VENERE

Data	MT	S	GV	S	ST	S	UR	S	NT	S	PL	S
09/03/2015							4,9	♈♈				
10/03/2015												
11/03/2015												
12/03/2015												
13/03/2015												
14/03/2015												
15/03/2015												
16/03/2015												
17/03/2015												
18/03/2015												
19/03/2015												
20/03/2015												
21/03/2015												
22/03/2015												
23/03/2015												
24/03/2015												
25/03/2015												
26/03/2015												
27/03/2015												
28/03/2015												
29/03/2015												
30/03/2015												
31/03/2015												
01/04/2015												
02/04/2015												
03/04/2015												
04/04/2015												
05/04/2015												
06/04/2015												
07/04/2015												
08/04/2015												
09/04/2015												
10/04/2015												
11/04/2015												
12/04/2015												
13/04/2015												
14/04/2015												
15/04/2015												
16/04/2015												
17/04/2015												
18/04/2015												
19/04/2015												
20/04/2015												
21/04/2015												
22/04/2015												
23/04/2015												
24/04/2015												
25/04/2015												
26/04/2015												
27/04/2015												
28/04/2015												
29/04/2015												
30/04/2015												
01/05/2015												
02/05/2015												
03/05/2015												
04/05/2015												
05/05/2015												
06/05/2015												
07/05/2015												
08/05/2015												
09/05/2015												
10/05/2015												
11/05/2015												
12/05/2015												
13/05/2015												
14/05/2015												

CONGIUNZIONI VENERE

	MT	S	GV	S	ST	S	UR	S	NT	S	PL	S
15/05/2015												
16/05/2015												
17/05/2015												
18/05/2015												
19/05/2015												
20/05/2015												
21/05/2015												
22/05/2015												
23/05/2015												
24/05/2015												
25/05/2015												
26/05/2015												
27/05/2015												
28/05/2015												
29/05/2015												
30/05/2015												
31/05/2015												
01/06/2015												
02/06/2015												
03/06/2015												
04/06/2015												
05/06/2015												
06/06/2015												
07/06/2015												
08/06/2015												
09/06/2015												
10/06/2015												
11/06/2015												
12/06/2015												
13/06/2015												
14/06/2015												
15/06/2015												
16/06/2015												
17/06/2015												
18/06/2015												
19/06/2015												
20/06/2015												
21/06/2015												
22/06/2015												
23/06/2015			4,6	♌♌								
24/06/2015			4,0	♌♌								
25/06/2015			3,4	♌♌								
26/06/2015			2,8	♌♌								
27/06/2015			2,3	♌♌								
28/06/2015			1,7	♌♌								
29/06/2015			1,2	♌♌								
30/06/2015			0,7	♌♌								
01/07/2015			0,2	♌♌								
02/07/2015			0,3	♌♌								
03/07/2015			0,8	♌♌								
04/07/2015			1,2	♌♌								
05/07/2015			1,7	♌♌								
06/07/2015			2,1	♌♌								
07/07/2015			2,4	♌♌								
08/07/2015			2,8	♌♌								
09/07/2015			3,1	♌♌								
10/07/2015			3,4	♌♌								
11/07/2015			3,7	♌♌								
12/07/2015			4,0	♌♌								
13/07/2015			4,2	♌♌								
14/07/2015			4,4	♌♌								
15/07/2015			4,6	♌♌								
16/07/2015			4,7	♌♌								
17/07/2015			4,8	♌♌								
18/07/2015			4,9	♌♌								
19/07/2015			4,9	♍♌								
20/07/2015			5,0	♍♌								

CONGIUNZIONI VENERE

	MT	S	GV	S	ST	S	UR	S	NT	S	PL	S
21/07/2015			4,9	♍ ♌								
22/07/2015			4,9	♍ ♌								
23/07/2015			4,8	♍ ♌								
24/07/2015			4,6	♍ ♌								
25/07/2015			4,5	♍ ♌								
26/07/2015			4,3	♍ ♌								
27/07/2015			4,0	♍ ♌								
28/07/2015			3,7	♍ ♌								
29/07/2015			3,4	♍ ♌								
30/07/2015			3,0	♍ ♌								
31/07/2015			2,6	♍ ♌								
01/08/2015			2,1	♌ ♌								
02/08/2015			1,6	♌ ♌								
03/08/2015			1,1	♌ ♌								
04/08/2015			0,5	♌ ♌								
05/08/2015			0,1	♌ ♌								
06/08/2015			0,7	♌ ♌								
07/08/2015			1,4	♌ ♌								
08/08/2015			2,1	♌ ♌								
09/08/2015			2,8	♌ ♌								
10/08/2015			3,6	♌ ♌								
11/08/2015			4,3	♌ ♌								
12/08/2015												
13/08/2015												
14/08/2015												
15/08/2015												
16/08/2015												
17/08/2015												
18/08/2015												
19/08/2015												
20/08/2015												
21/08/2015												
22/08/2015												
23/08/2015												
24/08/2015												
25/08/2015												
26/08/2015												
27/08/2015	4,9	♌ ♌										
28/08/2015	3,9	♌ ♌										
29/08/2015	2,9	♌ ♌										
30/08/2015	2,0	♌ ♌										
31/08/2015	1,1	♌ ♌										
01/09/2015	0,2	♌ ♌										
02/09/2015	0,7	♌ ♌										
03/09/2015	1,4	♌ ♌										
04/09/2015	2,2	♌ ♌										
05/09/2015	2,9	♌ ♌										
06/09/2015	3,6	♌ ♌										
07/09/2015	4,2	♌ ♌										
08/09/2015	4,8	♌ ♌										
09/09/2015												
10/09/2015												
11/09/2015												
12/09/2015												
13/09/2015												
14/09/2015												
15/09/2015												
16/09/2015												
17/09/2015												
18/09/2015												
19/09/2015												
20/09/2015												
21/09/2015												
22/09/2015												
23/09/2015												
24/09/2015												
25/09/2015												

CONGIUNZIONI VENERE

	MT	S	GV	S	ST	S	UR	S	NT	S	PL	S
26/09/2015												
27/09/2015												
28/09/2015												
29/09/2015												
30/09/2015												
01/10/2015												
02/10/2015												
03/10/2015												
04/10/2015												
05/10/2015												
06/10/2015												
07/10/2015												
08/10/2015												
09/10/2015												
10/10/2015												
11/10/2015												
12/10/2015												
13/10/2015												
14/10/2015												
15/10/2015												
16/10/2015												
17/10/2015												
18/10/2015												
19/10/2015												
20/10/2015			4,6	♍♍								
21/10/2015			3,8	♍♍								
22/10/2015	4,8	♍♍	3,1	♍♍								
23/10/2015	4,4	♍♍	2,3	♍♍								
24/10/2015	4,1	♍♍	1,5	♍♍								
25/10/2015	3,7	♍♍	0,7	♍♍								
26/10/2015	3,3	♍♍	0,1	♍♍								
27/10/2015	2,9	♍♍	1,0	♍♍								
28/10/2015	2,5	♍♍	1,8	♍♍								
29/10/2015	2,1	♍♍	2,6	♍♍								
30/10/2015	1,7	♍♍	3,5	♍♍								
31/10/2015	1,3	♍♍	4,3	♍♍								
01/11/2015	0,9	♍♍										
02/11/2015	0,5	♍♍										
03/11/2015	0,0	♍♍										
04/11/2015	0,4	♍♍										
05/11/2015	0,9	♍♍										
06/11/2015	1,3	♍♍										
07/11/2015	1,8	♍♍										
08/11/2015	2,3	♍♍										
09/11/2015	2,7	♎♍										
10/11/2015	3,2	♎♍										
11/11/2015	3,7	♎♍										
12/11/2015	4,2	♎♍										
13/11/2015	4,7	♎♎										
14/11/2015												
15/11/2015												
16/11/2015												
17/11/2015												
18/11/2015												
19/11/2015												
20/11/2015												
21/11/2015												
22/11/2015												
23/11/2015												
24/11/2015												
25/11/2015												
26/11/2015												
27/11/2015												
28/11/2015												
29/11/2015												
30/11/2015												
01/12/2015												

CONGIUNZIONI VENERE

	MT	S	GV	S	ST	S	UR	S	NT	S	PL	S
02/12/2015												
03/12/2015												
04/12/2015												
05/12/2015												
06/12/2015												
07/12/2015												
08/12/2015												
09/12/2015												
10/12/2015												
11/12/2015												
12/12/2015												
13/12/2015												
14/12/2015												
15/12/2015												
16/12/2015												
17/12/2015												
18/12/2015												
19/12/2015												
20/12/2015												
21/12/2015												
22/12/2015												
23/12/2015												
24/12/2015												
25/12/2015												
26/12/2015												
27/12/2015												
28/12/2015												
29/12/2015												
30/12/2015												
31/12/2015												
01/01/2016												

CONGIUNZIONI MARTE

	GV	S	ST	S	UR	S	NT	S	PL	S
01/01/2015										
02/01/2015										
03/01/2015										
04/01/2015										
05/01/2015										
06/01/2015										
07/01/2015										
08/01/2015										
09/01/2015										
10/01/2015										
11/01/2015										
12/01/2015										
13/01/2015										
14/01/2015							4,5	♓♓		
15/01/2015							3,8	♓♓		
16/01/2015							3,0	♓♓		
17/01/2015							2,3	♓♓		
18/01/2015							1,5	♓♓		
19/01/2015							0,8	♓♓		
20/01/2015							0,0	♓♓		
21/01/2015							0,7	♓♓		
22/01/2015							1,5	♓♓		
23/01/2015							2,2	♓♓		
24/01/2015							3,0	♓♓		
25/01/2015							3,7	♓♓		
26/01/2015							4,5	♓♓		
27/01/2015										
28/01/2015										
29/01/2015										
30/01/2015										
31/01/2015										
01/02/2015										
02/02/2015										
03/02/2015										
04/02/2015										
05/02/2015										
06/02/2015										
07/02/2015										
08/02/2015										
09/02/2015										
10/02/2015										
11/02/2015										
12/02/2015										
13/02/2015										
14/02/2015										
15/02/2015										
16/02/2015										
17/02/2015										
18/02/2015										
19/02/2015										
20/02/2015										
21/02/2015										
22/02/2015										
23/02/2015										
24/02/2015										
25/02/2015										
26/02/2015										
27/02/2015										
28/02/2015										
01/03/2015										
02/03/2015										
03/03/2015										
04/03/2015										
05/03/2015						4,7	♈♈			
06/03/2015						4,0	♈♈			
07/03/2015						3,3	♈♈			
08/03/2015						2,6	♈♈			

CONGIUNZIONI MARTE

	GV	S	ST	S	UR	S	NT	S	PL	S
09/03/2015					1,9	♈♈				
10/03/2015					1,2	♈♈				
11/03/2015					0,5	♈♈				
12/03/2015					0,2	♈♈				
13/03/2015					0,9	♈♈				
14/03/2015					1,6	♈♈				
15/03/2015					2,3	♈♈				
16/03/2015					3,0	♈♈				
17/03/2015					3,7	♈♈				
18/03/2015					4,4	♈♈				
19/03/2015										
20/03/2015										
21/03/2015										
22/03/2015										
23/03/2015										
24/03/2015										
25/03/2015										
26/03/2015										
27/03/2015										
28/03/2015										
29/03/2015										
30/03/2015										
31/03/2015										
01/04/2015										
02/04/2015										
03/04/2015										
04/04/2015										
05/04/2015										
06/04/2015										
07/04/2015										
08/04/2015										
09/04/2015										
10/04/2015										
11/04/2015										
12/04/2015										
13/04/2015										
14/04/2015										
15/04/2015										
16/04/2015										
17/04/2015										
18/04/2015										
19/04/2015										
20/04/2015										
21/04/2015										
22/04/2015										
23/04/2015										
24/04/2015										
25/04/2015										
26/04/2015										
27/04/2015										
28/04/2015										
29/04/2015										
30/04/2015										
01/05/2015										
02/05/2015										
03/05/2015										
04/05/2015										
05/05/2015										
06/05/2015										
07/05/2015										
08/05/2015										
09/05/2015										
10/05/2015										
11/05/2015										
12/05/2015										
13/05/2015										
14/05/2015										

CONGIUNZIONI MARTE

Data	GV	S	ST	S	UR	S	NT	S	PL	S
15/05/2015										
16/05/2015										
17/05/2015										
18/05/2015										
19/05/2015										
20/05/2015										
21/05/2015										
22/05/2015										
23/05/2015										
24/05/2015										
25/05/2015										
26/05/2015										
27/05/2015										
28/05/2015										
29/05/2015										
30/05/2015										
31/05/2015										
01/06/2015										
02/06/2015										
03/06/2015										
04/06/2015										
05/06/2015										
06/06/2015										
07/06/2015										
08/06/2015										
09/06/2015										
10/06/2015										
11/06/2015										
12/06/2015										
13/06/2015										
14/06/2015										
15/06/2015										
16/06/2015										
17/06/2015										
18/06/2015										
19/06/2015										
20/06/2015										
21/06/2015										
22/06/2015										
23/06/2015										
24/06/2015										
25/06/2015										
26/06/2015										
27/06/2015										
28/06/2015										
29/06/2015										
30/06/2015										
01/07/2015										
02/07/2015										
03/07/2015										
04/07/2015										
05/07/2015										
06/07/2015										
07/07/2015										
08/07/2015										
09/07/2015										
10/07/2015										
11/07/2015										
12/07/2015										
13/07/2015										
14/07/2015										
15/07/2015										
16/07/2015										
17/07/2015										
18/07/2015										
19/07/2015										
20/07/2015										

CONGIUNZIONI MARTE

	GV	S	ST	S	UR	S	NT	S	PL	S
21/07/2015										
22/07/2015										
23/07/2015										
24/07/2015										
25/07/2015										
26/07/2015										
27/07/2015										
28/07/2015										
29/07/2015										
30/07/2015										
31/07/2015										
01/08/2015										
02/08/2015										
03/08/2015										
04/08/2015										
05/08/2015										
06/08/2015										
07/08/2015										
08/08/2015										
09/08/2015										
10/08/2015										
11/08/2015										
12/08/2015										
13/08/2015										
14/08/2015										
15/08/2015										
16/08/2015										
17/08/2015										
18/08/2015										
19/08/2015										
20/08/2015										
21/08/2015										
22/08/2015										
23/08/2015										
24/08/2015										
25/08/2015										
26/08/2015										
27/08/2015										
28/08/2015										
29/08/2015										
30/08/2015										
31/08/2015										
01/09/2015										
02/09/2015										
03/09/2015										
04/09/2015										
05/09/2015										
06/09/2015										
07/09/2015										
08/09/2015										
09/09/2015										
10/09/2015										
11/09/2015										
12/09/2015										
13/09/2015										
14/09/2015										
15/09/2015										
16/09/2015										
17/09/2015										
18/09/2015										
19/09/2015										
20/09/2015										
21/09/2015										
22/09/2015										
23/09/2015										
24/09/2015										
25/09/2015										

CONGIUNZIONI MARTE

Data									
26/09/2015									
27/09/2015									
28/09/2015									
29/09/2015									
30/09/2015									
01/10/2015									
02/10/2015									
03/10/2015									
04/10/2015									
05/10/2015									
06/10/2015									
07/10/2015	4,6	♍♍							
08/10/2015	4,2	♍♍							
09/10/2015	3,8	♍♍							
10/10/2015	3,4	♍♍							
11/10/2015	2,9	♍♍							
12/10/2015	2,5	♍♍							
13/10/2015	2,1	♍♍							
14/10/2015	1,7	♍♍							
15/10/2015	1,3	♍♍							
16/10/2015	0,8	♍♍							
17/10/2015	0,4	♍♍							
18/10/2015	0,0	♍♍							
19/10/2015	0,5	♍♍							
20/10/2015	0,9	♍♍							
21/10/2015	1,3	♍♍							
22/10/2015	1,7	♍♍							
23/10/2015	2,2	♍♍							
24/10/2015	2,6	♍♍							
25/10/2015	3,0	♍♍							
26/10/2015	3,5	♍♍							
27/10/2015	3,9	♍♍							
28/10/2015	4,3	♍♍							
29/10/2015	4,8	♍♍							
30/10/2015									
31/10/2015									
01/11/2015									
02/11/2015									
03/11/2015									
04/11/2015									
05/11/2015									
06/11/2015									
07/11/2015									
08/11/2015									
09/11/2015									
10/11/2015									
11/11/2015									
12/11/2015									
13/11/2015									
14/11/2015									
15/11/2015									
16/11/2015									
17/11/2015									
18/11/2015									
19/11/2015									
20/11/2015									
21/11/2015									
22/11/2015									
23/11/2015									
24/11/2015									
25/11/2015									
26/11/2015									
27/11/2015									
28/11/2015									
29/11/2015									
30/11/2015									
01/12/2015									

CONGIUNZIONI MARTE

Data								
02/12/2015								
03/12/2015								
04/12/2015								
05/12/2015								
06/12/2015								
07/12/2015								
08/12/2015								
09/12/2015								
10/12/2015								
11/12/2015								
12/12/2015								
13/12/2015								
14/12/2015								
15/12/2015								
16/12/2015								
17/12/2015								
18/12/2015								
19/12/2015								
20/12/2015								
21/12/2015								
22/12/2015								
23/12/2015								
24/12/2015								
25/12/2015								
26/12/2015								
27/12/2015								
28/12/2015								
29/12/2015								
30/12/2015								
31/12/2015								
01/01/2016								

CONGIUNZIONI GIOVE

Data	ST	S	UR	S	NT	S	PL	S
01/01/2015								
02/01/2015								
03/01/2015								
04/01/2015								
05/01/2015								
06/01/2015								
07/01/2015								
08/01/2015								
09/01/2015								
10/01/2015								
11/01/2015								
12/01/2015								
13/01/2015								
14/01/2015								
15/01/2015								
16/01/2015								
17/01/2015								
18/01/2015								
19/01/2015								
20/01/2015								
21/01/2015								
22/01/2015								
23/01/2015								
24/01/2015								
25/01/2015								
26/01/2015								
27/01/2015								
28/01/2015								
29/01/2015								
30/01/2015								
31/01/2015								
01/02/2015								
02/02/2015								
03/02/2015								
04/02/2015								
05/02/2015								
06/02/2015								
07/02/2015								
08/02/2015								
09/02/2015								
10/02/2015								
11/02/2015								
12/02/2015								
13/02/2015								
14/02/2015								
15/02/2015								
16/02/2015								
17/02/2015								
18/02/2015								
19/02/2015								
20/02/2015								
21/02/2015								
22/02/2015								
23/02/2015								
24/02/2015								
25/02/2015								
26/02/2015								
27/02/2015								
28/02/2015								
01/03/2015								
02/03/2015								
03/03/2015								
04/03/2015								
05/03/2015								
06/03/2015								
07/03/2015								
08/03/2015								

CONGIUNZIONI SATURNO

UR	S	NT	S	PL	S

CONGIUNZIONI GIOVE

Data	ST	S	UR	S	NT	S	PL	S
09/03/2015								
10/03/2015								
11/03/2015								
12/03/2015								
13/03/2015								
14/03/2015								
15/03/2015								
16/03/2015								
17/03/2015								
18/03/2015								
19/03/2015								
20/03/2015								
21/03/2015								
22/03/2015								
23/03/2015								
24/03/2015								
25/03/2015								
26/03/2015								
27/03/2015								
28/03/2015								
29/03/2015								
30/03/2015								
31/03/2015								
01/04/2015								
02/04/2015								
03/04/2015								
04/04/2015								
05/04/2015								
06/04/2015								
07/04/2015								
08/04/2015								
09/04/2015								
10/04/2015								
11/04/2015								
12/04/2015								
13/04/2015								
14/04/2015								
15/04/2015								
16/04/2015								
17/04/2015								
18/04/2015								
19/04/2015								
20/04/2015								
21/04/2015								
22/04/2015								
23/04/2015								
24/04/2015								
25/04/2015								
26/04/2015								
27/04/2015								
28/04/2015								
29/04/2015								
30/04/2015								
01/05/2015								
02/05/2015								
03/05/2015								
04/05/2015								
05/05/2015								
06/05/2015								
07/05/2015								
08/05/2015								
09/05/2015								
10/05/2015								
11/05/2015								
12/05/2015								
13/05/2015								
14/05/2015								

CONGIUNZIONI SATURNO

UR	S	NT	S	PL	S

CONGIUNZIONI GIOVE

Date	ST	S	UR	S	NT	S	PL	S
15/05/2015								
16/05/2015								
17/05/2015								
18/05/2015								
19/05/2015								
20/05/2015								
21/05/2015								
22/05/2015								
23/05/2015								
24/05/2015								
25/05/2015								
26/05/2015								
27/05/2015								
28/05/2015								
29/05/2015								
30/05/2015								
31/05/2015								
01/06/2015								
02/06/2015								
03/06/2015								
04/06/2015								
05/06/2015								
06/06/2015								
07/06/2015								
08/06/2015								
09/06/2015								
10/06/2015								
11/06/2015								
12/06/2015								
13/06/2015								
14/06/2015								
15/06/2015								
16/06/2015								
17/06/2015								
18/06/2015								
19/06/2015								
20/06/2015								
21/06/2015								
22/06/2015								
23/06/2015								
24/06/2015								
25/06/2015								
26/06/2015								
27/06/2015								
28/06/2015								
29/06/2015								
30/06/2015								
01/07/2015								
02/07/2015								
03/07/2015								
04/07/2015								
05/07/2015								
06/07/2015								
07/07/2015								
08/07/2015								
09/07/2015								
10/07/2015								
11/07/2015								
12/07/2015								
13/07/2015								
14/07/2015								
15/07/2015								
16/07/2015								
17/07/2015								
18/07/2015								
19/07/2015								
20/07/2015								

CONGIUNZIONI SATURNO

UR	S	NT	S	PL	S

CONGIUNZIONI GIOVE

Data	ST	S	UR	S	NT	S	PL	S
21/07/2015								
22/07/2015								
23/07/2015								
24/07/2015								
25/07/2015								
26/07/2015								
27/07/2015								
28/07/2015								
29/07/2015								
30/07/2015								
31/07/2015								
01/08/2015								
02/08/2015								
03/08/2015								
04/08/2015								
05/08/2015								
06/08/2015								
07/08/2015								
08/08/2015								
09/08/2015								
10/08/2015								
11/08/2015								
12/08/2015								
13/08/2015								
14/08/2015								
15/08/2015								
16/08/2015								
17/08/2015								
18/08/2015								
19/08/2015								
20/08/2015								
21/08/2015								
22/08/2015								
23/08/2015								
24/08/2015								
25/08/2015								
26/08/2015								
27/08/2015								
28/08/2015								
29/08/2015								
30/08/2015								
31/08/2015								
01/09/2015								
02/09/2015								
03/09/2015								
04/09/2015								
05/09/2015								
06/09/2015								
07/09/2015								
08/09/2015								
09/09/2015								
10/09/2015								
11/09/2015								
12/09/2015								
13/09/2015								
14/09/2015								
15/09/2015								
16/09/2015								
17/09/2015								
18/09/2015								
19/09/2015								
20/09/2015								
21/09/2015								
22/09/2015								
23/09/2015								
24/09/2015								
25/09/2015								

CONGIUNZIONI SATURNO

UR	S	NT	S	PL	S

	CONGIUNZIONI GIOVE								**CONGIUNZIONI SATURNO**					
	ST	S	UR	S	NT	S	PL	S	UR	S	NT	S	PL	S
26/09/2015														
27/09/2015														
28/09/2015														
29/09/2015														
30/09/2015														
01/10/2015														
02/10/2015														
03/10/2015														
04/10/2015														
05/10/2015														
06/10/2015														
07/10/2015														
08/10/2015														
09/10/2015														
10/10/2015														
11/10/2015														
12/10/2015														
13/10/2015														
14/10/2015														
15/10/2015														
16/10/2015														
17/10/2015														
18/10/2015														
19/10/2015														
20/10/2015														
21/10/2015														
22/10/2015														
23/10/2015														
24/10/2015														
25/10/2015														
26/10/2015														
27/10/2015														
28/10/2015														
29/10/2015														
30/10/2015														
31/10/2015														
01/11/2015														
02/11/2015														
03/11/2015														
04/11/2015														
05/11/2015														
06/11/2015														
07/11/2015														
08/11/2015														
09/11/2015														
10/11/2015														
11/11/2015														
12/11/2015														
13/11/2015														
14/11/2015														
15/11/2015														
16/11/2015														
17/11/2015														
18/11/2015														
19/11/2015														
20/11/2015														
21/11/2015														
22/11/2015														
23/11/2015														
24/11/2015														
25/11/2015														
26/11/2015														
27/11/2015														
28/11/2015														
29/11/2015														
30/11/2015														
01/12/2015														

	CONGIUNZIONI GIOVE						
	ST	S	UR	S	NT	S	PL	S
02/12/2015								
03/12/2015								
04/12/2015								
05/12/2015								
06/12/2015								
07/12/2015								
08/12/2015								
09/12/2015								
10/12/2015								
11/12/2015								
12/12/2015								
13/12/2015								
14/12/2015								
15/12/2015								
16/12/2015								
17/12/2015								
18/12/2015								
19/12/2015								
20/12/2015								
21/12/2015								
22/12/2015								
23/12/2015								
24/12/2015								
25/12/2015								
26/12/2015								
27/12/2015								
28/12/2015								
29/12/2015								
30/12/2015								
31/12/2015								
01/01/2016								

CONGIUNZIONI SATURNO					
UR	S	NT	S	PL	S

Data	CONGIUNZIONI URANO				CONGIUNZIONI NETTUNO	
	NT	S	PL	S	PL	S
01/01/2015						
02/01/2015						
03/01/2015						
04/01/2015						
05/01/2015						
06/01/2015						
07/01/2015						
08/01/2015						
09/01/2015						
10/01/2015						
11/01/2015						
12/01/2015						
13/01/2015						
14/01/2015						
15/01/2015						
16/01/2015						
17/01/2015						
18/01/2015						
19/01/2015						
20/01/2015						
21/01/2015						
22/01/2015						
23/01/2015						
24/01/2015						
25/01/2015						
26/01/2015						
27/01/2015						
28/01/2015						
29/01/2015						
30/01/2015						
31/01/2015						
01/02/2015						
02/02/2015						
03/02/2015						
04/02/2015						
05/02/2015						
06/02/2015						
07/02/2015						
08/02/2015						
09/02/2015						
10/02/2015						
11/02/2015						
12/02/2015						
13/02/2015						
14/02/2015						
15/02/2015						
16/02/2015						
17/02/2015						
18/02/2015						
19/02/2015						
20/02/2015						
21/02/2015						
22/02/2015						
23/02/2015						
24/02/2015						
25/02/2015						
26/02/2015						
27/02/2015						
28/02/2015						
01/03/2015						
02/03/2015						
03/03/2015						
04/03/2015						
05/03/2015						
06/03/2015						
07/03/2015						
08/03/2015						

	CONGIUNZIONI URANO				CONGIUNZIONI NETTUNO	
	NT	S	PL	S	PL	S
09/03/2015						
10/03/2015						
11/03/2015						
12/03/2015						
13/03/2015						
14/03/2015						
15/03/2015						
16/03/2015						
17/03/2015						
18/03/2015						
19/03/2015						
20/03/2015						
21/03/2015						
22/03/2015						
23/03/2015						
24/03/2015						
25/03/2015						
26/03/2015						
27/03/2015						
28/03/2015						
29/03/2015						
30/03/2015						
31/03/2015						
01/04/2015						
02/04/2015						
03/04/2015						
04/04/2015						
05/04/2015						
06/04/2015						
07/04/2015						
08/04/2015						
09/04/2015						
10/04/2015						
11/04/2015						
12/04/2015						
13/04/2015						
14/04/2015						
15/04/2015						
16/04/2015						
17/04/2015						
18/04/2015						
19/04/2015						
20/04/2015						
21/04/2015						
22/04/2015						
23/04/2015						
24/04/2015						
25/04/2015						
26/04/2015						
27/04/2015						
28/04/2015						
29/04/2015						
30/04/2015						
01/05/2015						
02/05/2015						
03/05/2015						
04/05/2015						
05/05/2015						
06/05/2015						
07/05/2015						
08/05/2015						
09/05/2015						
10/05/2015						
11/05/2015						
12/05/2015						
13/05/2015						
14/05/2015						

Data	CONGIUNZIONI URANO				CONGIUNZIONI NETTUNO	
	NT	S	PL	S	PL	S
15/05/2015						
16/05/2015						
17/05/2015						
18/05/2015						
19/05/2015						
20/05/2015						
21/05/2015						
22/05/2015						
23/05/2015						
24/05/2015						
25/05/2015						
26/05/2015						
27/05/2015						
28/05/2015						
29/05/2015						
30/05/2015						
31/05/2015						
01/06/2015						
02/06/2015						
03/06/2015						
04/06/2015						
05/06/2015						
06/06/2015						
07/06/2015						
08/06/2015						
09/06/2015						
10/06/2015						
11/06/2015						
12/06/2015						
13/06/2015						
14/06/2015						
15/06/2015						
16/06/2015						
17/06/2015						
18/06/2015						
19/06/2015						
20/06/2015						
21/06/2015						
22/06/2015						
23/06/2015						
24/06/2015						
25/06/2015						
26/06/2015						
27/06/2015						
28/06/2015						
29/06/2015						
30/06/2015						
01/07/2015						
02/07/2015						
03/07/2015						
04/07/2015						
05/07/2015						
06/07/2015						
07/07/2015						
08/07/2015						
09/07/2015						
10/07/2015						
11/07/2015						
12/07/2015						
13/07/2015						
14/07/2015						
15/07/2015						
16/07/2015						
17/07/2015						
18/07/2015						
19/07/2015						
20/07/2015						

	CONGIUNZIONI URANO				CONGIUNZIONI NETTUNO	
	NT	S	PL	S	PL	S
21/07/2015						
22/07/2015						
23/07/2015						
24/07/2015						
25/07/2015						
26/07/2015						
27/07/2015						
28/07/2015						
29/07/2015						
30/07/2015						
31/07/2015						
01/08/2015						
02/08/2015						
03/08/2015						
04/08/2015						
05/08/2015						
06/08/2015						
07/08/2015						
08/08/2015						
09/08/2015						
10/08/2015						
11/08/2015						
12/08/2015						
13/08/2015						
14/08/2015						
15/08/2015						
16/08/2015						
17/08/2015						
18/08/2015						
19/08/2015						
20/08/2015						
21/08/2015						
22/08/2015						
23/08/2015						
24/08/2015						
25/08/2015						
26/08/2015						
27/08/2015						
28/08/2015						
29/08/2015						
30/08/2015						
31/08/2015						
01/09/2015						
02/09/2015						
03/09/2015						
04/09/2015						
05/09/2015						
06/09/2015						
07/09/2015						
08/09/2015						
09/09/2015						
10/09/2015						
11/09/2015						
12/09/2015						
13/09/2015						
14/09/2015						
15/09/2015						
16/09/2015						
17/09/2015						
18/09/2015						
19/09/2015						
20/09/2015						
21/09/2015						
22/09/2015						
23/09/2015						
24/09/2015						
25/09/2015						

Data	CONGIUNZIONI URANO				CONGIUNZIONI NETTUNO	
	NT	S	PL	S	PL	S
26/09/2015						
27/09/2015						
28/09/2015						
29/09/2015						
30/09/2015						
01/10/2015						
02/10/2015						
03/10/2015						
04/10/2015						
05/10/2015						
06/10/2015						
07/10/2015						
08/10/2015						
09/10/2015						
10/10/2015						
11/10/2015						
12/10/2015						
13/10/2015						
14/10/2015						
15/10/2015						
16/10/2015						
17/10/2015						
18/10/2015						
19/10/2015						
20/10/2015						
21/10/2015						
22/10/2015						
23/10/2015						
24/10/2015						
25/10/2015						
26/10/2015						
27/10/2015						
28/10/2015						
29/10/2015						
30/10/2015						
31/10/2015						
01/11/2015						
02/11/2015						
03/11/2015						
04/11/2015						
05/11/2015						
06/11/2015						
07/11/2015						
08/11/2015						
09/11/2015						
10/11/2015						
11/11/2015						
12/11/2015						
13/11/2015						
14/11/2015						
15/11/2015						
16/11/2015						
17/11/2015						
18/11/2015						
19/11/2015						
20/11/2015						
21/11/2015						
22/11/2015						
23/11/2015						
24/11/2015						
25/11/2015						
26/11/2015						
27/11/2015						
28/11/2015						
29/11/2015						
30/11/2015						
01/12/2015						

	CONGIUNZIONI URANO				CONGIUNZIONI NETTUNO	
	NT	S	PL	S	PL	S
02/12/2015						
03/12/2015						
04/12/2015						
05/12/2015						
06/12/2015						
07/12/2015						
08/12/2015						
09/12/2015						
10/12/2015						
11/12/2015						
12/12/2015						
13/12/2015						
14/12/2015						
15/12/2015						
16/12/2015						
17/12/2015						
18/12/2015						
19/12/2015						
20/12/2015						
21/12/2015						
22/12/2015						
23/12/2015						
24/12/2015						
25/12/2015						
26/12/2015						
27/12/2015						
28/12/2015						
29/12/2015						
30/12/2015						
31/12/2015						
01/01/2016						

OPPOSIZIONI SOLE

	LN	S	MT	S	GV	S	ST	S	UR	S	NT	S	PL	S
01/01/2015														
02/01/2015														
03/01/2015														
04/01/2015														
05/01/2015	2,3	♑☊												
06/01/2015	9,0	♑☊												
07/01/2015														
08/01/2015														
09/01/2015														
10/01/2015														
11/01/2015														
12/01/2015														
13/01/2015														
14/01/2015														
15/01/2015														
16/01/2015														
17/01/2015														
18/01/2015														
19/01/2015														
20/01/2015														
21/01/2015														
22/01/2015														
23/01/2015														
24/01/2015														
25/01/2015														
26/01/2015														
27/01/2015														
28/01/2015														
29/01/2015														
30/01/2015														
31/01/2015														
01/02/2015														
02/02/2015														
03/02/2015						4,3	♒♌							
04/02/2015	0,4	♒♌			3,2	♒♌								
05/02/2015					2,0	♒♌								
06/02/2015					0,9	♒♌								
07/02/2015					0,3	♒♌								
08/02/2015					1,4	♒♌								
09/02/2015					2,6	♒♌								
10/02/2015					3,7	♒♌								
11/02/2015					4,9	♒♌								
12/02/2015														
13/02/2015														
14/02/2015														
15/02/2015														
16/02/2015														
17/02/2015														
18/02/2015														
19/02/2015														
20/02/2015														
21/02/2015														
22/02/2015														
23/02/2015														
24/02/2015														
25/02/2015														
26/02/2015														
27/02/2015														
28/02/2015														
01/03/2015														
02/03/2015														
03/03/2015														
04/03/2015														
05/03/2015	8,2	♓♍												
06/03/2015	2,7	♓♍												
07/03/2015														
08/03/2015														

OPPOSIZIONI SOLE

Data	LN	S	MT	S	GV	S	ST	S	UR	S	NT	S	PL	S
09/03/2015														
10/03/2015														
11/03/2015														
12/03/2015														
13/03/2015														
14/03/2015														
15/03/2015														
16/03/2015														
17/03/2015														
18/03/2015														
19/03/2015														
20/03/2015														
21/03/2015														
22/03/2015														
23/03/2015														
24/03/2015														
25/03/2015														
26/03/2015														
27/03/2015														
28/03/2015														
29/03/2015														
30/03/2015														
31/03/2015														
01/04/2015														
02/04/2015														
03/04/2015														
04/04/2015	5,5	♈♎												
05/04/2015	5,5	♈♎												
06/04/2015														
07/04/2015														
08/04/2015														
09/04/2015														
10/04/2015														
11/04/2015														
12/04/2015														
13/04/2015														
14/04/2015														
15/04/2015														
16/04/2015														
17/04/2015														
18/04/2015														
19/04/2015														
20/04/2015														
21/04/2015														
22/04/2015														
23/04/2015														
24/04/2015														
25/04/2015														
26/04/2015														
27/04/2015														
28/04/2015														
29/04/2015														
30/04/2015														
01/05/2015														
02/05/2015														
03/05/2015														
04/05/2015	1,8	♉♏												
05/05/2015	9,8	♉♏												
06/05/2015														
07/05/2015														
08/05/2015														
09/05/2015														
10/05/2015														
11/05/2015														
12/05/2015														
13/05/2015														
14/05/2015														

OPPOSIZIONI SOLE

	LN	S	MT	S	GV	S	ST	S	UR	S	NT	S	PL	S
15/05/2015														
16/05/2015														
17/05/2015														
18/05/2015														
19/05/2015							4,2	♉♐						
20/05/2015							3,2	♉♐						
21/05/2015							2,1	♉♐						
22/05/2015							1,1	♊♐						
23/05/2015							0,1	♊♐						
24/05/2015							1,0	♊♐						
25/05/2015							2,0	♊♐						
26/05/2015							3,0	♊♐						
27/05/2015							4,1	♊♐						
28/05/2015														
29/05/2015														
30/05/2015														
31/05/2015														
01/06/2015														
02/06/2015	8,3	♊♐												
03/06/2015	3,9	♊♐												
04/06/2015														
05/06/2015														
06/06/2015														
07/06/2015														
08/06/2015														
09/06/2015														
10/06/2015														
11/06/2015														
12/06/2015														
13/06/2015														
14/06/2015														
15/06/2015														
16/06/2015														
17/06/2015														
18/06/2015														
19/06/2015														
20/06/2015														
21/06/2015														
22/06/2015														
23/06/2015														
24/06/2015														
25/06/2015														
26/06/2015														
27/06/2015														
28/06/2015														
29/06/2015														
30/06/2015														
01/07/2015														
02/07/2015	1,3	♋♑											4,5	♋♎
03/07/2015													3,6	♋♎
04/07/2015													2,6	♋♎
05/07/2015													1,6	♋♎
06/07/2015													0,6	♋♎
07/07/2015													0,3	♋♎
08/07/2015													1,3	♋♎
09/07/2015													2,3	♋♎
10/07/2015													3,3	♋♎
11/07/2015													4,3	♋♎
12/07/2015														
13/07/2015														
14/07/2015														
15/07/2015														
16/07/2015														
17/07/2015														
18/07/2015														
19/07/2015														
20/07/2015														

OPPOSIZIONI SOLE

	LN	S	MT	S	GV	S	ST	S	UR	S	NT	S	PL	S
21/07/2015														
22/07/2015														
23/07/2015														
24/07/2015														
25/07/2015														
26/07/2015														
27/07/2015														
28/07/2015														
29/07/2015														
30/07/2015														
31/07/2015	6,1	♌︎♒︎												
01/08/2015	7,6	♌︎♒︎												
02/08/2015														
03/08/2015														
04/08/2015														
05/08/2015														
06/08/2015														
07/08/2015														
08/08/2015														
09/08/2015														
10/08/2015														
11/08/2015														
12/08/2015														
13/08/2015														
14/08/2015														
15/08/2015														
16/08/2015														
17/08/2015														
18/08/2015														
19/08/2015														
20/08/2015														
21/08/2015														
22/08/2015														
23/08/2015														
24/08/2015														
25/08/2015														
26/08/2015														
27/08/2015														
28/08/2015												4,1	♍︎♓︎		
29/08/2015												3,1	♍︎♓︎		
30/08/2015	3,2	♍︎♓︎										2,1	♍︎♓︎		
31/08/2015												1,1	♍︎♓︎		
01/09/2015												0,2	♍︎♓︎		
02/09/2015												0,8	♍︎♓︎		
03/09/2015												1,8	♍︎♓︎		
04/09/2015												2,8	♍︎♓︎		
05/09/2015												3,8	♍︎♓︎		
06/09/2015												4,8	♍︎♓︎		
07/09/2015															
08/09/2015															
09/09/2015															
10/09/2015															
11/09/2015															
12/09/2015															
13/09/2015															
14/09/2015															
15/09/2015															
16/09/2015															
17/09/2015															
18/09/2015															
19/09/2015															
20/09/2015															
21/09/2015															
22/09/2015															
23/09/2015															
24/09/2015															
25/09/2015															

OPPOSIZIONI SOLE

	LN	S	MT	S	GV	S	ST	S	UR	S	NT	S	PL	S
26/09/2015														
27/09/2015														
28/09/2015	1,7	♎♈												
29/09/2015														
30/09/2015														
01/10/2015														
02/10/2015														
03/10/2015														
04/10/2015														
05/10/2015														
06/10/2015														
07/10/2015														
08/10/2015									4,3	♎♈				
09/10/2015									3,3	♎♈				
10/10/2015									2,2	♎♈				
11/10/2015									1,2	♎♈				
12/10/2015									0,2	♎♈				
13/10/2015									0,9	♎♈				
14/10/2015									1,9	♎♈				
15/10/2015									2,9	♎♈				
16/10/2015									4,0	♎♈				
17/10/2015									5,0	♎♈				
18/10/2015														
19/10/2015														
20/10/2015														
21/10/2015														
22/10/2015														
23/10/2015														
24/10/2015														
25/10/2015														
26/10/2015														
27/10/2015	7,1	♏♈												
28/10/2015	7,0	♏♉												
29/10/2015														
30/10/2015														
31/10/2015														
01/11/2015														
02/11/2015														
03/11/2015														
04/11/2015														
05/11/2015														
06/11/2015														
07/11/2015														
08/11/2015														
09/11/2015														
10/11/2015														
11/11/2015														
12/11/2015														
13/11/2015														
14/11/2015														
15/11/2015														
16/11/2015														
17/11/2015														
18/11/2015														
19/11/2015														
20/11/2015														
21/11/2015														
22/11/2015														
23/11/2015														
24/11/2015														
25/11/2015														
26/11/2015	0,7	♐♊												
27/11/2015														
28/11/2015														
29/11/2015														
30/11/2015														
01/12/2015														

OPPOSIZIONI SOLE

	LN	S	MT	S	GV	S	ST	S	UR	S	NT	S	PL	S
02/12/2015														
03/12/2015														
04/12/2015														
05/12/2015														
06/12/2015														
07/12/2015														
08/12/2015														
09/12/2015														
10/12/2015														
11/12/2015														
12/12/2015														
13/12/2015														
14/12/2015														
15/12/2015														
16/12/2015														
17/12/2015														
18/12/2015														
19/12/2015														
20/12/2015														
21/12/2015														
22/12/2015														
23/12/2015														
24/12/2015														
25/12/2015	6,0	♑ ♊												
26/12/2015	6,8	♑ ♋												
27/12/2015														
28/12/2015														
29/12/2015														
30/12/2015														
31/12/2015														
01/01/2016														

OPPOSIZIONI LUNA

Data	MC	S	VE	S	MT	S	GV	S	ST	S	UR	S	NT	S	PL	S
01/01/2015																
02/01/2015									2,8	♊♐						
03/01/2015																
04/01/2015																
05/01/2015															1,3	♋♑
06/01/2015	7,1	♋♒	8,6	♋♒												
07/01/2015	3,6	♌♒	2,3	♌♒												
08/01/2015					7,9	♌♒										
09/01/2015					3,2	♍♒							5,1	♍♓		
10/01/2015													6,7	♍♓		
11/01/2015																
12/01/2015											6,8	♎♈				
13/01/2015											5,2	♎♈				
14/01/2015																
15/01/2015																
16/01/2015																
17/01/2015																
18/01/2015																
19/01/2015																
20/01/2015																
21/01/2015																
22/01/2015							2,3	♒♌								
23/01/2015																
24/01/2015																
25/01/2015																
26/01/2015																
27/01/2015																
28/01/2015																
29/01/2015									2,5	♊♐						
30/01/2015																
31/01/2015																
01/02/2015															5,5	♋♑
02/02/2015															6,8	♋♑
03/02/2015	3,0	♌♒														
04/02/2015																
05/02/2015													9,3	♌♓		
06/02/2015			2,7	♍♓									2,5	♍♓		
07/02/2015			7,9	♍♓	0,8	♍♓										
08/02/2015																
09/02/2015											0,9	♎♈				
10/02/2015																
11/02/2015																
12/02/2015																
13/02/2015																
14/02/2015																
15/02/2015																
16/02/2015																
17/02/2015																
18/02/2015							1,3	♒♌								
19/02/2015																
20/02/2015																
21/02/2015																
22/02/2015																
23/02/2015																
24/02/2015																
25/02/2015									7,4	♉♐						
26/02/2015									5,8	♊♐						
27/02/2015																
28/02/2015															9,2	♋♑
01/03/2015															3,1	♋♑
02/03/2015																
03/03/2015	3,9	♌♒														
04/03/2015	6,7	♌♒														
05/03/2015													1,6	♍♓		
06/03/2015																
07/03/2015																
08/03/2015			7,1	♎♈	0,8	♎♈					3,4	♎♈				

OPPOSIZIONI LUNA

	MC	S	VE	S	MT	S	GV	S	ST	S	UR	S	NT	S	PL	S
09/03/2015			3,6	♎♈							8,5	♎♈				
10/03/2015																
11/03/2015																
12/03/2015																
13/03/2015																
14/03/2015																
15/03/2015																
16/03/2015																
17/03/2015								5,1	♒♌							
18/03/2015								9,8	♒♌							
19/03/2015																
20/03/2015																
21/03/2015																
22/03/2015																
23/03/2015																
24/03/2015																
25/03/2015								1,2	♊♐							
26/03/2015																
27/03/2015																
28/03/2015														0,6	♋♑	
29/03/2015																
30/03/2015																
31/03/2015																
01/04/2015														5,6	♍♓	
02/04/2015														6,1	♍♓	
03/04/2015	9,1	♍♈														
04/04/2015	0,9	♎♈									7,9	♎♈				
05/04/2015											4,0	♎♈				
06/04/2015					1,4	♏♉										
07/04/2015			9,7	♏♉												
08/04/2015			1,6	♏♉												
09/04/2015																
10/04/2015																
11/04/2015																
12/04/2015																
13/04/2015								9,0	♒♌							
14/04/2015								5,2	♒♌							
15/04/2015																
16/04/2015																
17/04/2015																
18/04/2015																
19/04/2015																
20/04/2015																
21/04/2015								3,5	♊♐							
22/04/2015																
23/04/2015																
24/04/2015														5,0	♋♑	
25/04/2015														7,7	♋♑	
26/04/2015																
27/04/2015																
28/04/2015														9,8	♌♓	
29/04/2015														2,0	♍♓	
30/04/2015																
01/05/2015																
02/05/2015											1,0	♎♈				
03/05/2015																
04/05/2015																
05/05/2015					0,9	♏♉										
06/05/2015	0,7	♐♊														
07/05/2015			9,0	♐♊												
08/05/2015			3,1	♑♋												
09/05/2015																
10/05/2015																
11/05/2015								0,1	♒♌							
12/05/2015																
13/05/2015																
14/05/2015																

OPPOSIZIONI LUNA

Data	MC	S	VE	S	MT	S	GV	S	ST	S	UR	S	NT	S	PL	S
15/05/2015																
16/05/2015																
17/05/2015																
18/05/2015									7,6	♉♐						
19/05/2015									6,5	♊♐						
20/05/2015																
21/05/2015															9,7	♋♑
22/05/2015															3,3	♋♑
23/05/2015																
24/05/2015																
25/05/2015																
26/05/2015													2,2	♍♓		
27/05/2015													9,6	♍♓		
28/05/2015																
29/05/2015									6,1	♎♈						
30/05/2015									5,9	♎♈						
31/05/2015																
01/06/2015																
02/06/2015	4,8	♐♊														
03/06/2015	8,9	♐♊			0,8	♐♊										
04/06/2015																
05/06/2015																
06/06/2015			3,3	♑♌												
07/06/2015			9,8	♒♌			6,4	♒♌								
08/06/2015							7,5	♒♌								
09/06/2015																
10/06/2015																
11/06/2015																
12/06/2015																
13/06/2015																
14/06/2015																
15/06/2015									3,5	♊♐						
16/06/2015																
17/06/2015																
18/06/2015															0,9	♋♑
19/06/2015																
20/06/2015																
21/06/2015																
22/06/2015													6,3	♍♓		
23/06/2015													5,6	♍♓		
24/06/2015																
25/06/2015																
26/06/2015													0,8	♎♈		
27/06/2015																
28/06/2015																
29/06/2015																
30/06/2015	5,2	♐♊														
01/07/2015	7,0	♐♊			9,6	♐♋										
02/07/2015					3,6	♑♋										
03/07/2015																
04/07/2015																
05/07/2015			2,6	♒♌			1,0	♒♌								
06/07/2015																
07/07/2015																
08/07/2015																
09/07/2015																
10/07/2015																
11/07/2015																
12/07/2015									1,2	♉♏						
13/07/2015																
14/07/2015																
15/07/2015															4,4	♋♑
16/07/2015															8,5	♋♑
17/07/2015																
18/07/2015																
19/07/2015													9,9	♌♓		
20/07/2015													2,1	♍♓		

OPPOSIZIONI LUNA

Data	MC	S	VE	S	MT	S	GV	S	ST	S	UR	S	NT	S	PL	S
21/07/2015																
22/07/2015																
23/07/2015											3,5	♎♈				
24/07/2015											8,4	♎♈				
25/07/2015																
26/07/2015																
27/07/2015																
28/07/2015																
29/07/2015																
30/07/2015					6,5	♑♋										
31/07/2015					7,2	♒♋										
01/08/2015	1,3	♒♌														
02/08/2015			1,2	♓♌			2,9	♓♌								
03/08/2015																
04/08/2015																
05/08/2015																
06/08/2015																
07/08/2015																
08/08/2015									1,5	♉♏						
09/08/2015																
10/08/2015																
11/08/2015															7,1	♋♑
12/08/2015															5,7	♋♑
13/08/2015																
14/08/2015																
15/08/2015																
16/08/2015													0,7	♍♓		
17/08/2015																
18/08/2015																
19/08/2015											6,7	♎♈				
20/08/2015											5,1	♎♈				
21/08/2015																
22/08/2015																
23/08/2015																
24/08/2015																
25/08/2015																
26/08/2015																
27/08/2015																
28/08/2015			6,5	♒♌	2,6	♒♌										
29/08/2015			8,7	♒♌			9,3	♒♍								
30/08/2015							5,5	♓♍								
31/08/2015	9,3	♓♎														
01/09/2015	4,6	♈♎														
02/09/2015																
03/09/2015																
04/09/2015											6,0	♉♏				
05/09/2015											7,8	♊♏				
06/09/2015																
07/09/2015															9,6	♋♑
08/09/2015															3,1	♋♑
09/09/2015																
10/09/2015																
11/09/2015																
12/09/2015													3,1	♍♓		
13/09/2015													8,8	♍♓		
14/09/2015																
15/09/2015											9,1	♎♈				
16/09/2015											2,7	♎♈				
17/09/2015																
18/09/2015																
19/09/2015																
20/09/2015																
21/09/2015																
22/09/2015																
23/09/2015																
24/09/2015																
25/09/2015			2,3	♒♌												

OPPOSIZIONI LUNA

Data	MC	S	VE	S	MT	S	GV	S	ST	S	UR	S	NT	S	PL	S
26/09/2015					2,1	♓︎♍︎	7,2	♓︎♍︎								
27/09/2015							7,7	♓︎♍︎								
28/09/2015	7,2	♈︎♎︎														
29/09/2015	9,2	♈︎♎︎														
30/09/2015																
01/10/2015																
02/10/2015									1,2	♊︎♐︎						
03/10/2015																
04/10/2015																
05/10/2015																0,1	♋︎♑︎
06/10/2015																
07/10/2015																
08/10/2015																
09/10/2015													5,4	♍︎♓︎		
10/10/2015													6,5	♍︎♓︎		
11/10/2015																
12/10/2015																
13/10/2015											0,8	♎︎♈︎				
14/10/2015																
15/10/2015																
16/10/2015																
17/10/2015																
18/10/2015																
19/10/2015																
20/10/2015																
21/10/2015																
22/10/2015																
23/10/2015																
24/10/2015			2,6	♓︎♍︎	6,6	♓︎♍︎	4,0	♓︎♍︎								
25/10/2015					7,5	♓︎♍︎										
26/10/2015	7,0	♈︎♎︎														
27/10/2015	6,5	♈︎♎︎														
28/10/2015																
29/10/2015									7,7	♉︎♐︎						
30/10/2015									6,8	♊︎♐︎						
31/10/2015																
01/11/2015															4,9	♋︎♑︎
02/11/2015															8,2	♋︎♑︎
03/11/2015																
04/11/2015																
05/11/2015													8,3	♌︎♓︎		
06/11/2015													3,7	♍︎♓︎		
07/11/2015																
08/11/2015																
09/11/2015											1,3	♎︎♈︎				
10/11/2015																
11/11/2015																
12/11/2015																
13/11/2015																
14/11/2015																
15/11/2015																
16/11/2015																
17/11/2015																
18/11/2015																
19/11/2015																
20/11/2015																
21/11/2015							1,1	♓︎♍︎								
22/11/2015			9,5	♈︎♎︎	0,1	♈︎♎︎										
23/11/2015			4,0	♈︎♎︎												
24/11/2015																
25/11/2015																
26/11/2015	4,0	♊︎♐︎					2,9	♊︎♐︎								
27/11/2015	8,9	♊︎♐︎														
28/11/2015																
29/11/2015															2,4	♋︎♑︎
30/11/2015																
01/12/2015																

OPPOSIZIONI LUNA

	MC	S	VE	S	MT	S	GV	S	ST	S	UR	S	NT	S	PL	S
02/12/2015																
03/12/2015													0,1	♍♓		
04/12/2015																
05/12/2015																
06/12/2015											4,2	♎♈				
07/12/2015											7,6	♎♈				
08/12/2015																
09/12/2015																
10/12/2015																
11/12/2015																
12/12/2015																
13/12/2015																
14/12/2015																
15/12/2015																
16/12/2015																
17/12/2015																
18/12/2015								5,0	♓♍							
19/12/2015								8,9	♈♍							
20/12/2015						6,2	♈♎									
21/12/2015						7,5	♈♎									
22/12/2015			5,8	♉♏												
23/12/2015			7,3	♉♏												
24/12/2015									2,5	♊♐						
25/12/2015																
26/12/2015															4,2	♋♑
27/12/2015	0,2	♋♑													9,3	♋♑
28/12/2015																
29/12/2015																
30/12/2015													4,9	♍♓		
31/12/2015													7,2	♍♓		
01/01/2016																

OPPOSIZIONI MERCURIO

	MT	S	GV	S	ST	S	UR	S	NT	S	PL	S
01/01/2015												
02/01/2015												
03/01/2015												
04/01/2015												
05/01/2015												
06/01/2015												
07/01/2015												
08/01/2015												
09/01/2015												
10/01/2015												
11/01/2015												
12/01/2015												
13/01/2015												
14/01/2015												
15/01/2015												
16/01/2015												
17/01/2015												
18/01/2015			4,3	≈♌								
19/01/2015			3,6	≈♌								
20/01/2015			3,1	≈♌								
21/01/2015			2,7	≈♌								
22/01/2015			2,6	≈♌								
23/01/2015			2,6	≈♌								
24/01/2015			2,9	≈♌								
25/01/2015			3,3	≈♌								
26/01/2015			3,9	≈♌								
27/01/2015			4,6	≈♌								
28/01/2015												
29/01/2015												
30/01/2015												
31/01/2015												
01/02/2015												
02/02/2015												
03/02/2015												
04/02/2015												
05/02/2015												
06/02/2015												
07/02/2015												
08/02/2015												
09/02/2015												
10/02/2015												
11/02/2015												
12/02/2015												
13/02/2015												
14/02/2015												
15/02/2015												
16/02/2015												
17/02/2015												
18/02/2015												
19/02/2015												
20/02/2015												
21/02/2015												
22/02/2015												
23/02/2015												
24/02/2015												
25/02/2015												
26/02/2015			4,8	≈♌								
27/02/2015			3,6	≈♌								
28/02/2015			2,4	≈♌								
01/03/2015			1,1	≈♌								
02/03/2015			0,1	≈♌								
03/03/2015			1,5	≈♌								
04/03/2015			2,8	≈♌								
05/03/2015			4,2	≈♌								
06/03/2015												
07/03/2015												
08/03/2015												

OPPOSIZIONI MERCURIO

Data	MT	S	GV	S	ST	S	UR	S	NT	S	PL	S
09/03/2015												
10/03/2015												
11/03/2015												
12/03/2015												
13/03/2015												
14/03/2015												
15/03/2015												
16/03/2015												
17/03/2015												
18/03/2015												
19/03/2015												
20/03/2015												
21/03/2015												
22/03/2015												
23/03/2015												
24/03/2015												
25/03/2015												
26/03/2015												
27/03/2015												
28/03/2015												
29/03/2015												
30/03/2015												
31/03/2015												
01/04/2015												
02/04/2015												
03/04/2015												
04/04/2015												
05/04/2015												
06/04/2015												
07/04/2015												
08/04/2015												
09/04/2015												
10/04/2015												
11/04/2015												
12/04/2015												
13/04/2015												
14/04/2015												
15/04/2015												
16/04/2015												
17/04/2015												
18/04/2015												
19/04/2015												
20/04/2015												
21/04/2015												
22/04/2015												
23/04/2015												
24/04/2015												
25/04/2015												
26/04/2015												
27/04/2015												
28/04/2015												
29/04/2015												
30/04/2015					4,9	♉♐						
01/05/2015					3,3	♉♐						
02/05/2015					1,9	♊♐						
03/05/2015					0,5	♊♐						
04/05/2015					0,8	♊♐						
05/05/2015					2,1	♊♐						
06/05/2015					3,3	♊♐						
07/05/2015					4,3	♊♐						
08/05/2015												
09/05/2015												
10/05/2015												
11/05/2015												
12/05/2015												
13/05/2015												
14/05/2015												

OPPOSIZIONI MERCURIO

Data	MT	S	GV	S	ST	S	UR	S	NT	S	PL	S
15/05/2015												
16/05/2015												
17/05/2015												
18/05/2015												
19/05/2015												
20/05/2015												
21/05/2015												
22/05/2015												
23/05/2015												
24/05/2015												
25/05/2015												
26/05/2015												
27/05/2015												
28/05/2015												
29/05/2015												
30/05/2015												
31/05/2015												
01/06/2015												
02/06/2015												
03/06/2015												
04/06/2015												
05/06/2015												
06/06/2015												
07/06/2015						4,9	♊♐					
08/06/2015						4,6	♊♐					
09/06/2015						4,5	♊♐					
10/06/2015						4,4	♊♐					
11/06/2015						4,3	♊♐					
12/06/2015						4,4	♊♐					
13/06/2015						4,5	♊♐					
14/06/2015						4,7	♊♐					
15/06/2015						4,9	♊♐					
16/06/2015												
17/06/2015												
18/06/2015												
19/06/2015												
20/06/2015												
21/06/2015												
22/06/2015												
23/06/2015												
24/06/2015												
25/06/2015												
26/06/2015												
27/06/2015												
28/06/2015												
29/06/2015												
30/06/2015												
01/07/2015												
02/07/2015												
03/07/2015												
04/07/2015												
05/07/2015												
06/07/2015												
07/07/2015												
08/07/2015												
09/07/2015												
10/07/2015												
11/07/2015												
12/07/2015												
13/07/2015												
14/07/2015												4,1	♋♑
15/07/2015												2,1	♋♑
16/07/2015												0,0	♋♑
17/07/2015												2,1	♋♑
18/07/2015												4,3	♋♑
19/07/2015													
20/07/2015													

OPPOSIZIONI MERCURIO

	MT	S	GV	S	ST	S	UR	S	NT	S	PL	S
21/07/2015												
22/07/2015												
23/07/2015												
24/07/2015												
25/07/2015												
26/07/2015												
27/07/2015												
28/07/2015												
29/07/2015												
30/07/2015												
31/07/2015												
01/08/2015												
02/08/2015												
03/08/2015												
04/08/2015												
05/08/2015												
06/08/2015												
07/08/2015												
08/08/2015												
09/08/2015												
10/08/2015												
11/08/2015											3,5	♍︎♓︎
12/08/2015											1,8	♍︎♓︎
13/08/2015											0,1	♍︎♓︎
14/08/2015											1,6	♍︎♓︎
15/08/2015											3,2	♍︎♓︎
16/08/2015											4,8	♍︎♓︎
17/08/2015												
18/08/2015												
19/08/2015												
20/08/2015												
21/08/2015												
22/08/2015												
23/08/2015												
24/08/2015												
25/08/2015												
26/08/2015												
27/08/2015												
28/08/2015												
29/08/2015												
30/08/2015												
31/08/2015												
01/09/2015												
02/09/2015												
03/09/2015												
04/09/2015												
05/09/2015												
06/09/2015												
07/09/2015												
08/09/2015												
09/09/2015												
10/09/2015												
11/09/2015												
12/09/2015												
13/09/2015									4,8	♎︎♈︎		
14/09/2015									4,4	♎︎♈︎		
15/09/2015									4,0	♎︎♈︎		
16/09/2015									3,8	♎︎♈︎		
17/09/2015									3,6	♎︎♈︎		
18/09/2015									3,5	♎︎♈︎		
19/09/2015									3,6	♎︎♈︎		
20/09/2015									3,7	♎︎♈︎		
21/09/2015									4,0	♎︎♈︎		
22/09/2015									4,4	♎︎♈︎		
23/09/2015									4,9	♎︎♈︎		
24/09/2015												
25/09/2015												

OPPOSIZIONI MERCURIO

	MT	S	GV	S	ST	S	UR	S	NT	S	PL	S
26/09/2015												
27/09/2015												
28/09/2015												
29/09/2015												
30/09/2015												
01/10/2015												
02/10/2015												
03/10/2015												
04/10/2015												
05/10/2015												
06/10/2015												
07/10/2015												
08/10/2015												
09/10/2015												
10/10/2015												
11/10/2015												
12/10/2015												
13/10/2015												
14/10/2015												
15/10/2015												
16/10/2015												
17/10/2015												
18/10/2015												
19/10/2015												
20/10/2015												
21/10/2015												
22/10/2015												
23/10/2015								4,7	♎♈			
24/10/2015								3,2	♎♈			
25/10/2015								1,6	♎♈			
26/10/2015								0,1	♎♈			
27/10/2015								1,7	♎♈			
28/10/2015								3,4	♎♈			
29/10/2015												
30/10/2015												
31/10/2015												
01/11/2015												
02/11/2015												
03/11/2015												
04/11/2015												
05/11/2015												
06/11/2015												
07/11/2015												
08/11/2015												
09/11/2015												
10/11/2015												
11/11/2015												
12/11/2015												
13/11/2015												
14/11/2015												
15/11/2015												
16/11/2015												
17/11/2015												
18/11/2015												
19/11/2015												
20/11/2015												
21/11/2015												
22/11/2015												
23/11/2015												
24/11/2015												
25/11/2015												
26/11/2015												
27/11/2015												
28/11/2015												
29/11/2015												
30/11/2015												
01/12/2015												

OPPOSIZIONI MERCURIO

	MT	S	GV	S	ST	S	UR	S	NT	S	PL	S
02/12/2015												
03/12/2015												
04/12/2015												
05/12/2015												
06/12/2015												
07/12/2015												
08/12/2015												
09/12/2015												
10/12/2015												
11/12/2015												
12/12/2015												
13/12/2015												
14/12/2015												
15/12/2015												
16/12/2015												
17/12/2015												
18/12/2015												
19/12/2015												
20/12/2015												
21/12/2015												
22/12/2015												
23/12/2015												
24/12/2015												
25/12/2015												
26/12/2015												
27/12/2015												
28/12/2015												
29/12/2015												
30/12/2015												
31/12/2015												
01/01/2016												

OPPOSIZIONI VENERE

	MT	S	GV	S	ST	S	UR	S	NT	S	PL	S
01/01/2015												
02/01/2015												
03/01/2015												
04/01/2015												
05/01/2015												
06/01/2015												
07/01/2015												
08/01/2015												
09/01/2015												
10/01/2015												
11/01/2015												
12/01/2015												
13/01/2015												
14/01/2015												
15/01/2015												
16/01/2015			4,9	♒♌								
17/01/2015			3,5	♒♌								
18/01/2015			2,1	♒♌								
19/01/2015			0,8	♒♌								
20/01/2015			0,6	♒♌								
21/01/2015			2,0	♒♌								
22/01/2015			3,3	♒♌								
23/01/2015			4,7	♒♌								
24/01/2015												
25/01/2015												
26/01/2015												
27/01/2015												
28/01/2015												
29/01/2015												
30/01/2015												
31/01/2015												
01/02/2015												
02/02/2015												
03/02/2015												
04/02/2015												
05/02/2015												
06/02/2015												
07/02/2015												
08/02/2015												
09/02/2015												
10/02/2015												
11/02/2015												
12/02/2015												
13/02/2015												
14/02/2015												
15/02/2015												
16/02/2015												
17/02/2015												
18/02/2015												
19/02/2015												
20/02/2015												
21/02/2015												
22/02/2015												
23/02/2015												
24/02/2015												
25/02/2015												
26/02/2015												
27/02/2015												
28/02/2015												
01/03/2015												
02/03/2015												
03/03/2015												
04/03/2015												
05/03/2015												
06/03/2015												
07/03/2015												
08/03/2015												

OPPOSIZIONI VENERE

	MT	S	GV	S	ST	S	UR	S	NT	S	PL	S
09/03/2015												
10/03/2015												
11/03/2015												
12/03/2015												
13/03/2015												
14/03/2015												
15/03/2015												
16/03/2015												
17/03/2015												
18/03/2015												
19/03/2015												
20/03/2015												
21/03/2015												
22/03/2015												
23/03/2015												
24/03/2015												
25/03/2015												
26/03/2015												
27/03/2015												
28/03/2015												
29/03/2015												
30/03/2015												
31/03/2015												
01/04/2015												
02/04/2015												
03/04/2015												
04/04/2015												
05/04/2015												
06/04/2015												
07/04/2015												
08/04/2015												
09/04/2015												
10/04/2015												
11/04/2015												
12/04/2015						3,9	♊♐						
13/04/2015						2,6	♊♐						
14/04/2015						1,4	♊♐						
15/04/2015						0,2	♊♐						
16/04/2015						1,0	♊♐						
17/04/2015						2,2	♊♐						
18/04/2015						3,4	♊♐						
19/04/2015						4,6	♊♐						
20/04/2015												
21/04/2015												
22/04/2015												
23/04/2015												
24/04/2015												
25/04/2015												
26/04/2015												
27/04/2015												
28/04/2015												
29/04/2015												
30/04/2015												
01/05/2015												
02/05/2015												
03/05/2015												
04/05/2015												
05/05/2015												
06/05/2015												
07/05/2015												
08/05/2015												
09/05/2015												
10/05/2015												
11/05/2015												
12/05/2015												
13/05/2015												
14/05/2015												

OPPOSIZIONI VENERE

Data	MT	S	GV	S	ST	S	UR	S	NT	S	PL	S
15/05/2015												
16/05/2015												
17/05/2015												
18/05/2015											4,4	♋♑
19/05/2015											3,3	♋♑
20/05/2015											2,2	♋♑
21/05/2015											1,2	♋♑
22/05/2015											0,1	♋♑
23/05/2015											1,0	♋♑
24/05/2015											2,0	♋♑
25/05/2015											3,1	♋♑
26/05/2015											4,1	♋♑
27/05/2015												
28/05/2015												
29/05/2015												
30/05/2015												
31/05/2015												
01/06/2015												
02/06/2015												
03/06/2015												
04/06/2015												
05/06/2015												
06/06/2015												
07/06/2015												
08/06/2015												
09/06/2015												
10/06/2015												
11/06/2015												
12/06/2015												
13/06/2015												
14/06/2015												
15/06/2015												
16/06/2015												
17/06/2015												
18/06/2015												
19/06/2015												
20/06/2015												
21/06/2015												
22/06/2015												
23/06/2015												
24/06/2015												
25/06/2015												
26/06/2015												
27/06/2015												
28/06/2015												
29/06/2015												
30/06/2015												
01/07/2015												
02/07/2015												
03/07/2015												
04/07/2015												
05/07/2015												
06/07/2015												
07/07/2015												
08/07/2015												
09/07/2015												
10/07/2015												
11/07/2015												
12/07/2015												
13/07/2015												
14/07/2015												
15/07/2015												
16/07/2015												
17/07/2015												
18/07/2015												
19/07/2015												
20/07/2015												

OPPOSIZIONI VENERE

	MT	S	GV	S	ST	S	UR	S	NT	S	PL	S
21/07/2015												
22/07/2015												
23/07/2015												
24/07/2015												
25/07/2015												
26/07/2015												
27/07/2015												
28/07/2015												
29/07/2015												
30/07/2015												
31/07/2015												
01/08/2015												
02/08/2015												
03/08/2015												
04/08/2015												
05/08/2015												
06/08/2015												
07/08/2015												
08/08/2015												
09/08/2015												
10/08/2015												
11/08/2015												
12/08/2015												
13/08/2015												
14/08/2015												
15/08/2015												
16/08/2015												
17/08/2015												
18/08/2015												
19/08/2015												
20/08/2015												
21/08/2015												
22/08/2015												
23/08/2015												
24/08/2015												
25/08/2015												
26/08/2015												
27/08/2015												
28/08/2015												
29/08/2015												
30/08/2015												
31/08/2015												
01/09/2015												
02/09/2015												
03/09/2015												
04/09/2015												
05/09/2015												
06/09/2015												
07/09/2015												
08/09/2015												
09/09/2015												
10/09/2015												
11/09/2015												
12/09/2015												
13/09/2015												
14/09/2015												
15/09/2015												
16/09/2015												
17/09/2015												
18/09/2015												
19/09/2015												
20/09/2015												
21/09/2015												
22/09/2015												
23/09/2015												
24/09/2015												
25/09/2015												

OPPOSIZIONI VENERE

	MT	S	GV	S	ST	S	UR	S	NT	S	PL	S
26/09/2015												
27/09/2015												
28/09/2015												
29/09/2015												
30/09/2015												
01/10/2015												
02/10/2015												
03/10/2015												
04/10/2015												
05/10/2015												
06/10/2015												
07/10/2015												
08/10/2015												
09/10/2015												
10/10/2015												
11/10/2015												
12/10/2015										4,6	♍♓		
13/10/2015									3,8	♍♓		
14/10/2015									2,9	♍♓		
15/10/2015									2,0	♍♓		
16/10/2015									1,0	♍♓		
17/10/2015									0,1	♍♓		
18/10/2015									0,8	♍♓		
19/10/2015									1,8	♍♓		
20/10/2015									2,7	♍♓		
21/10/2015									3,7	♍♓		
22/10/2015									4,7	♍♓		
23/10/2015												
24/10/2015												
25/10/2015												
26/10/2015												
27/10/2015												
28/10/2015												
29/10/2015												
30/10/2015												
31/10/2015												
01/11/2015												
02/11/2015												
03/11/2015												
04/11/2015												
05/11/2015												
06/11/2015												
07/11/2015												
08/11/2015												
09/11/2015												
10/11/2015												
11/11/2015												
12/11/2015												
13/11/2015												
14/11/2015												
15/11/2015												
16/11/2015												
17/11/2015												
18/11/2015												
19/11/2015												
20/11/2015							4,6	♎♈				
21/11/2015							3,4	♎♈				
22/11/2015							2,2	♎♈				
23/11/2015							1,1	♎♈				
24/11/2015							0,1	♎♈				
25/11/2015							1,3	♎♈				
26/11/2015							2,4	♎♈				
27/11/2015							3,6	♎♈				
28/11/2015							4,8	♎♈				
29/11/2015												
30/11/2015												
01/12/2015												

OPPOSIZIONI VENERE

	MT	S	GV	S	ST	S	UR	S	NT	S	PL	S
02/12/2015												
03/12/2015												
04/12/2015												
05/12/2015												
06/12/2015												
07/12/2015												
08/12/2015												
09/12/2015												
10/12/2015												
11/12/2015												
12/12/2015												
13/12/2015												
14/12/2015												
15/12/2015												
16/12/2015												
17/12/2015												
18/12/2015												
19/12/2015												
20/12/2015												
21/12/2015												
22/12/2015												
23/12/2015												
24/12/2015												
25/12/2015												
26/12/2015												
27/12/2015												
28/12/2015												
29/12/2015												
30/12/2015												
31/12/2015												
01/01/2016												

OPPOSIZIONI MARTE

Date	GV	S	ST	S	UR	S	NT	S	PL	S
01/01/2015	0,7	≈ ♌								
02/01/2015	0,1	≈ ♌								
03/01/2015	1,0	≈ ♌								
04/01/2015	1,9	≈ ♌								
05/01/2015	2,7	≈ ♌								
06/01/2015	3,6	≈ ♌								
07/01/2015	4,5	≈ ♌								
08/01/2015										
09/01/2015										
10/01/2015										
11/01/2015										
12/01/2015										
13/01/2015										
14/01/2015										
15/01/2015										
16/01/2015										
17/01/2015										
18/01/2015										
19/01/2015										
20/01/2015										
21/01/2015										
22/01/2015										
23/01/2015										
24/01/2015										
25/01/2015										
26/01/2015										
27/01/2015										
28/01/2015										
29/01/2015										
30/01/2015										
31/01/2015										
01/02/2015										
02/02/2015										
03/02/2015										
04/02/2015										
05/02/2015										
06/02/2015										
07/02/2015										
08/02/2015										
09/02/2015										
10/02/2015										
11/02/2015										
12/02/2015										
13/02/2015										
14/02/2015										
15/02/2015										
16/02/2015										
17/02/2015										
18/02/2015										
19/02/2015										
20/02/2015										
21/02/2015										
22/02/2015										
23/02/2015										
24/02/2015										
25/02/2015										
26/02/2015										
27/02/2015										
28/02/2015										
01/03/2015										
02/03/2015										
03/03/2015										
04/03/2015										
05/03/2015										
06/03/2015										
07/03/2015										
08/03/2015										

OPPOSIZIONI MARTE

Data	GV	S	ST	S	UR	S	NT	S	PL	S
09/03/2015										
10/03/2015										
11/03/2015										
12/03/2015										
13/03/2015										
14/03/2015										
15/03/2015										
16/03/2015										
17/03/2015										
18/03/2015										
19/03/2015										
20/03/2015										
21/03/2015										
22/03/2015										
23/03/2015										
24/03/2015										
25/03/2015										
26/03/2015										
27/03/2015										
28/03/2015										
29/03/2015										
30/03/2015										
31/03/2015										
01/04/2015										
02/04/2015										
03/04/2015										
04/04/2015										
05/04/2015										
06/04/2015										
07/04/2015										
08/04/2015										
09/04/2015										
10/04/2015										
11/04/2015										
12/04/2015										
13/04/2015										
14/04/2015										
15/04/2015										
16/04/2015										
17/04/2015										
18/04/2015										
19/04/2015										
20/04/2015										
21/04/2015										
22/04/2015										
23/04/2015										
24/04/2015										
25/04/2015										
26/04/2015										
27/04/2015										
28/04/2015										
29/04/2015										
30/04/2015										
01/05/2015										
02/05/2015										
03/05/2015										
04/05/2015										
05/05/2015										
06/05/2015										
07/05/2015										
08/05/2015										
09/05/2015			4,9	♉♐						
10/05/2015			4,1	♉♐						
11/05/2015			3,3	♉♐						
12/05/2015			2,5	♉♐						
13/05/2015			1,8	♊♐						
14/05/2015			1,0	♊♐						

OPPOSIZIONI MARTE

	GV	S	ST	S	UR	S	NT	S	PL	S
15/05/2015			0,2	Ⅱ♐						
16/05/2015			0,6	Ⅱ♐						
17/05/2015			1,4	Ⅱ♐						
18/05/2015			2,1	Ⅱ♐						
19/05/2015			2,9	Ⅱ♐						
20/05/2015			3,7	Ⅱ♐						
21/05/2015			4,5	Ⅱ♐						
22/05/2015										
23/05/2015										
24/05/2015										
25/05/2015										
26/05/2015										
27/05/2015										
28/05/2015										
29/05/2015										
30/05/2015										
31/05/2015										
01/06/2015										
02/06/2015										
03/06/2015										
04/06/2015										
05/06/2015										
06/06/2015										
07/06/2015										
08/06/2015										
09/06/2015										
10/06/2015										
11/06/2015										
12/06/2015										
13/06/2015										
14/06/2015										
15/06/2015										
16/06/2015										
17/06/2015										
18/06/2015										
19/06/2015										
20/06/2015										
21/06/2015										
22/06/2015										
23/06/2015										
24/06/2015										
25/06/2015										
26/06/2015										
27/06/2015										
28/06/2015										
29/06/2015										
30/06/2015										
01/07/2015										
02/07/2015										
03/07/2015										
04/07/2015										
05/07/2015										
06/07/2015										
07/07/2015										
08/07/2015										
09/07/2015										4,5	♋♑
10/07/2015										3,8	♋♑
11/07/2015										3,2	♋♑
12/07/2015										2,5	♋♑
13/07/2015										1,8	♋♑
14/07/2015										1,1	♋♑
15/07/2015										0,4	♋♑
16/07/2015										0,3	♋♑
17/07/2015										1,0	♋♑
18/07/2015										1,6	♋♑
19/07/2015										2,3	♋♑
20/07/2015										3,0	♋♑

OPPOSIZIONI MARTE

	GV	S	ST	S	UR	S	NT	S	PL	S
21/07/2015									3,7	♋♑
22/07/2015									4,4	♋♑
23/07/2015										
24/07/2015										
25/07/2015										
26/07/2015										
27/07/2015										
28/07/2015										
29/07/2015										
30/07/2015										
31/07/2015										
01/08/2015										
02/08/2015										
03/08/2015										
04/08/2015										
05/08/2015										
06/08/2015										
07/08/2015										
08/08/2015										
09/08/2015										
10/08/2015										
11/08/2015										
12/08/2015										
13/08/2015										
14/08/2015										
15/08/2015										
16/08/2015										
17/08/2015										
18/08/2015										
19/08/2015										
20/08/2015										
21/08/2015										
22/08/2015										
23/08/2015										
24/08/2015										
25/08/2015										
26/08/2015										
27/08/2015										
28/08/2015										
29/08/2015										
30/08/2015										
31/08/2015										
01/09/2015										
02/09/2015										
03/09/2015										
04/09/2015										
05/09/2015										
06/09/2015										
07/09/2015										
08/09/2015										
09/09/2015										
10/09/2015										
11/09/2015										
12/09/2015										
13/09/2015										
14/09/2015										
15/09/2015										
16/09/2015										
17/09/2015										
18/09/2015										
19/09/2015										
20/09/2015										
21/09/2015										
22/09/2015										
23/09/2015										
24/09/2015										
25/09/2015										

OPPOSIZIONI MARTE

	GV	S	ST	S	UR	S	NT	S	PL	S
26/09/2015										
27/09/2015										
28/09/2015										
29/09/2015										
30/09/2015							4,6	♍♓		
01/10/2015							3,9	♍♓		
02/10/2015							3,3	♍♓		
03/10/2015							2,7	♍♓		
04/10/2015							2,0	♍♓		
05/10/2015							1,4	♍♓		
06/10/2015							0,7	♍♓		
07/10/2015							0,1	♍♓		
08/10/2015							0,6	♍♓		
09/10/2015							1,2	♍♓		
10/10/2015							1,8	♍♓		
11/10/2015							2,5	♍♓		
12/10/2015							3,1	♍♓		
13/10/2015							3,8	♍♓		
14/10/2015							4,4	♍♓		
15/10/2015										
16/10/2015										
17/10/2015										
18/10/2015										
19/10/2015										
20/10/2015										
21/10/2015										
22/10/2015										
23/10/2015										
24/10/2015										
25/10/2015										
26/10/2015										
27/10/2015										
28/10/2015										
29/10/2015										
30/10/2015										
31/10/2015										
01/11/2015										
02/11/2015										
03/11/2015										
04/11/2015										
05/11/2015										
06/11/2015										
07/11/2015										
08/11/2015										
09/11/2015										
10/11/2015										
11/11/2015										
12/11/2015										
13/11/2015										
14/11/2015										
15/11/2015										
16/11/2015										
17/11/2015										
18/11/2015										
19/11/2015										
20/11/2015										
21/11/2015										
22/11/2015										
23/11/2015										
24/11/2015										
25/11/2015										
26/11/2015										
27/11/2015										
28/11/2015										
29/11/2015										
30/11/2015										
01/12/2015										

OPPOSIZIONI MARTE

	GV	S	ST	S	UR	S	NT	S	PL	S
02/12/2015										
03/12/2015					4,8	♎♈				
04/12/2015					4,2	♎♈				
05/12/2015					3,6	♎♈				
06/12/2015					3,0	♎♈				
07/12/2015					2,4	♎♈				
08/12/2015					1,8	♎♈				
09/12/2015					1,2	♎♈				
10/12/2015					0,6	♎♈				
11/12/2015					0,0	♎♈				
12/12/2015					0,6	♎♈				
13/12/2015					1,1	♎♈				
14/12/2015					1,7	♎♈				
15/12/2015					2,3	♎♈				
16/12/2015					2,9	♎♈				
17/12/2015					3,5	♎♈				
18/12/2015					4,1	♎♈				
19/12/2015					4,6	♎♈				
20/12/2015										
21/12/2015										
22/12/2015										
23/12/2015										
24/12/2015										
25/12/2015										
26/12/2015										
27/12/2015										
28/12/2015										
29/12/2015										
30/12/2015										
31/12/2015										
01/01/2016										

OPPOSIZIONI GIOVE

Data	ST	S	UR	S	NT	S	PL	S
01/01/2015								
02/01/2015								
03/01/2015								
04/01/2015								
05/01/2015								
06/01/2015								
07/01/2015								
08/01/2015								
09/01/2015								
10/01/2015								
11/01/2015								
12/01/2015								
13/01/2015								
14/01/2015								
15/01/2015								
16/01/2015								
17/01/2015								
18/01/2015								
19/01/2015								
20/01/2015								
21/01/2015								
22/01/2015								
23/01/2015								
24/01/2015								
25/01/2015								
26/01/2015								
27/01/2015								
28/01/2015								
29/01/2015								
30/01/2015								
31/01/2015								
01/02/2015								
02/02/2015								
03/02/2015								
04/02/2015								
05/02/2015								
06/02/2015								
07/02/2015								
08/02/2015								
09/02/2015								
10/02/2015								
11/02/2015								
12/02/2015								
13/02/2015								
14/02/2015								
15/02/2015								
16/02/2015								
17/02/2015								
18/02/2015								
19/02/2015								
20/02/2015								
21/02/2015								
22/02/2015								
23/02/2015								
24/02/2015								
25/02/2015								
26/02/2015								
27/02/2015								
28/02/2015								
01/03/2015								
02/03/2015								
03/03/2015								
04/03/2015								
05/03/2015								
06/03/2015								
07/03/2015								
08/03/2015								

OPPOSIZIONI SATURNO

UR	S	NT	S	PL	S

OPPOSIZIONI GIOVE

Data	ST	S	UR	S	NT	S	PL	S
09/03/2015								
10/03/2015								
11/03/2015								
12/03/2015								
13/03/2015								
14/03/2015								
15/03/2015								
16/03/2015								
17/03/2015								
18/03/2015								
19/03/2015								
20/03/2015								
21/03/2015								
22/03/2015								
23/03/2015								
24/03/2015								
25/03/2015								
26/03/2015								
27/03/2015								
28/03/2015								
29/03/2015								
30/03/2015								
31/03/2015								
01/04/2015								
02/04/2015								
03/04/2015								
04/04/2015								
05/04/2015								
06/04/2015								
07/04/2015								
08/04/2015								
09/04/2015								
10/04/2015								
11/04/2015								
12/04/2015								
13/04/2015								
14/04/2015								
15/04/2015								
16/04/2015								
17/04/2015								
18/04/2015								
19/04/2015								
20/04/2015								
21/04/2015								
22/04/2015								
23/04/2015								
24/04/2015								
25/04/2015								
26/04/2015								
27/04/2015								
28/04/2015								
29/04/2015								
30/04/2015								
01/05/2015								
02/05/2015								
03/05/2015								
04/05/2015								
05/05/2015								
06/05/2015								
07/05/2015								
08/05/2015								
09/05/2015								
10/05/2015								
11/05/2015								
12/05/2015								
13/05/2015								
14/05/2015								

OPPOSIZIONI SATURNO

UR	S	NT	S	PL	S

Date	OPPOSIZIONI GIOVE								OPPOSIZIONI SATURNO					
	ST	S	UR	S	NT	S	PL	S	UR	S	NT	S	PL	S
15/05/2015														
16/05/2015														
17/05/2015														
18/05/2015														
19/05/2015														
20/05/2015														
21/05/2015														
22/05/2015														
23/05/2015														
24/05/2015														
25/05/2015														
26/05/2015														
27/05/2015														
28/05/2015														
29/05/2015														
30/05/2015														
31/05/2015														
01/06/2015														
02/06/2015														
03/06/2015														
04/06/2015														
05/06/2015														
06/06/2015														
07/06/2015														
08/06/2015														
09/06/2015														
10/06/2015														
11/06/2015														
12/06/2015														
13/06/2015														
14/06/2015														
15/06/2015														
16/06/2015														
17/06/2015														
18/06/2015														
19/06/2015														
20/06/2015														
21/06/2015														
22/06/2015														
23/06/2015														
24/06/2015														
25/06/2015														
26/06/2015														
27/06/2015														
28/06/2015														
29/06/2015														
30/06/2015														
01/07/2015														
02/07/2015														
03/07/2015														
04/07/2015														
05/07/2015														
06/07/2015														
07/07/2015														
08/07/2015														
09/07/2015														
10/07/2015														
11/07/2015														
12/07/2015														
13/07/2015														
14/07/2015														
15/07/2015														
16/07/2015														
17/07/2015														
18/07/2015														
19/07/2015														
20/07/2015														

OPPOSIZIONI GIOVE / OPPOSIZIONI SATURNO

Data	ST	S	UR	S	NT	S	PL	S	UR	S	NT	S	PL	S
21/07/2015														
22/07/2015														
23/07/2015														
24/07/2015														
25/07/2015														
26/07/2015														
27/07/2015														
28/07/2015														
29/07/2015														
30/07/2015														
31/07/2015														
01/08/2015														
02/08/2015														
03/08/2015														
04/08/2015														
05/08/2015														
06/08/2015														
07/08/2015														
08/08/2015														
09/08/2015														
10/08/2015														
11/08/2015														
12/08/2015														
13/08/2015														
14/08/2015														
15/08/2015														
16/08/2015														
17/08/2015														
18/08/2015														
19/08/2015														
20/08/2015														
21/08/2015														
22/08/2015														
23/08/2015														
24/08/2015														
25/08/2015														
26/08/2015														
27/08/2015														
28/08/2015						4,9	♍♓							
29/08/2015						4,7	♍♓							
30/08/2015						4,4	♍♓							
31/08/2015						4,2	♍♓							
01/09/2015						4,0	♍♓							
02/09/2015						3,7	♍♓							
03/09/2015						3,5	♍♓							
04/09/2015						3,2	♍♓							
05/09/2015						3,0	♍♓							
06/09/2015						2,7	♍♓							
07/09/2015						2,5	♍♓							
08/09/2015						2,2	♍♓							
09/09/2015						2,0	♍♓							
10/09/2015						1,8	♍♓							
11/09/2015						1,5	♍♓							
12/09/2015						1,3	♍♓							
13/09/2015						1,0	♍♓							
14/09/2015						0,8	♍♓							
15/09/2015						0,5	♍♓							
16/09/2015						0,3	♍♓							
17/09/2015						0,1	♍♓							
18/09/2015						0,2	♍♓							
19/09/2015						0,4	♍♓							
20/09/2015						0,6	♍♓							
21/09/2015						0,9	♍♓							
22/09/2015						1,1	♍♓							
23/09/2015						1,4	♍♓							
24/09/2015						1,6	♍♓							
25/09/2015						1,8	♍♓							

OPPOSIZIONI GIOVE

Data	ST	S	UR	S	NT	S	PL	S
26/09/2015					2,1	♍♓		
27/09/2015					2,3	♍♓		
28/09/2015					2,5	♍♓		
29/09/2015					2,8	♍♓		
30/09/2015					3,0	♍♓		
01/10/2015					3,2	♍♓		
02/10/2015					3,4	♍♓		
03/10/2015					3,7	♍♓		
04/10/2015					3,9	♍♓		
05/10/2015					4,1	♍♓		
06/10/2015					4,3	♍♓		
07/10/2015					4,6	♍♓		
08/10/2015					4,8	♍♓		
09/10/2015					5,0	♍♓		
10/10/2015								
11/10/2015								
12/10/2015								
13/10/2015								
14/10/2015								
15/10/2015								
16/10/2015								
17/10/2015								
18/10/2015								
19/10/2015								
20/10/2015								
21/10/2015								
22/10/2015								
23/10/2015								
24/10/2015								
25/10/2015								
26/10/2015								
27/10/2015								
28/10/2015								
29/10/2015								
30/10/2015								
31/10/2015								
01/11/2015								
02/11/2015								
03/11/2015								
04/11/2015								
05/11/2015								
06/11/2015								
07/11/2015								
08/11/2015								
09/11/2015								
10/11/2015								
11/11/2015								
12/11/2015								
13/11/2015								
14/11/2015								
15/11/2015								
16/11/2015								
17/11/2015								
18/11/2015								
19/11/2015								
20/11/2015								
21/11/2015								
22/11/2015								
23/11/2015								
24/11/2015								
25/11/2015								
26/11/2015								
27/11/2015								
28/11/2015								
29/11/2015								
30/11/2015								
01/12/2015								

OPPOSIZIONI SATURNO

UR	S	NT	S	PL	S

OPPOSIZIONI GIOVE

	ST	S	UR	S	NT	S	PL	S
02/12/2015								
03/12/2015								
04/12/2015								
05/12/2015								
06/12/2015								
07/12/2015								
08/12/2015								
09/12/2015								
10/12/2015								
11/12/2015								
12/12/2015								
13/12/2015								
14/12/2015								
15/12/2015								
16/12/2015								
17/12/2015								
18/12/2015								
19/12/2015								
20/12/2015								
21/12/2015								
22/12/2015								
23/12/2015								
24/12/2015								
25/12/2015								
26/12/2015								
27/12/2015								
28/12/2015								
29/12/2015								
30/12/2015								
31/12/2015								
01/01/2016								

OPPOSIZIONI SATURNO

UR	S	NT	S	PL	S

Date	OPPOSIZIONI URANO				OPPOSIZIONI NETTUNO	
	NT	S	PL	S	PL	S
01/01/2015						
02/01/2015						
03/01/2015						
04/01/2015						
05/01/2015						
06/01/2015						
07/01/2015						
08/01/2015						
09/01/2015						
10/01/2015						
11/01/2015						
12/01/2015						
13/01/2015						
14/01/2015						
15/01/2015						
16/01/2015						
17/01/2015						
18/01/2015						
19/01/2015						
20/01/2015						
21/01/2015						
22/01/2015						
23/01/2015						
24/01/2015						
25/01/2015						
26/01/2015						
27/01/2015						
28/01/2015						
29/01/2015						
30/01/2015						
31/01/2015						
01/02/2015						
02/02/2015						
03/02/2015						
04/02/2015						
05/02/2015						
06/02/2015						
07/02/2015						
08/02/2015						
09/02/2015						
10/02/2015						
11/02/2015						
12/02/2015						
13/02/2015						
14/02/2015						
15/02/2015						
16/02/2015						
17/02/2015						
18/02/2015						
19/02/2015						
20/02/2015						
21/02/2015						
22/02/2015						
23/02/2015						
24/02/2015						
25/02/2015						
26/02/2015						
27/02/2015						
28/02/2015						
01/03/2015						
02/03/2015						
03/03/2015						
04/03/2015						
05/03/2015						
06/03/2015						
07/03/2015						
08/03/2015						

	OPPOSIZIONI URANO				OPPOSIZIONI NETTUNO	
	NT	S	PL	S	PL	S
09/03/2015						
10/03/2015						
11/03/2015						
12/03/2015						
13/03/2015						
14/03/2015						
15/03/2015						
16/03/2015						
17/03/2015						
18/03/2015						
19/03/2015						
20/03/2015						
21/03/2015						
22/03/2015						
23/03/2015						
24/03/2015						
25/03/2015						
26/03/2015						
27/03/2015						
28/03/2015						
29/03/2015						
30/03/2015						
31/03/2015						
01/04/2015						
02/04/2015						
03/04/2015						
04/04/2015						
05/04/2015						
06/04/2015						
07/04/2015						
08/04/2015						
09/04/2015						
10/04/2015						
11/04/2015						
12/04/2015						
13/04/2015						
14/04/2015						
15/04/2015						
16/04/2015						
17/04/2015						
18/04/2015						
19/04/2015						
20/04/2015						
21/04/2015						
22/04/2015						
23/04/2015						
24/04/2015						
25/04/2015						
26/04/2015						
27/04/2015						
28/04/2015						
29/04/2015						
30/04/2015						
01/05/2015						
02/05/2015						
03/05/2015						
04/05/2015						
05/05/2015						
06/05/2015						
07/05/2015						
08/05/2015						
09/05/2015						
10/05/2015						
11/05/2015						
12/05/2015						
13/05/2015						
14/05/2015						

Data	OPPOSIZIONI URANO				OPPOSIZIONI NETTUNO	
	NT	S	PL	S	PL	S
15/05/2015						
16/05/2015						
17/05/2015						
18/05/2015						
19/05/2015						
20/05/2015						
21/05/2015						
22/05/2015						
23/05/2015						
24/05/2015						
25/05/2015						
26/05/2015						
27/05/2015						
28/05/2015						
29/05/2015						
30/05/2015						
31/05/2015						
01/06/2015						
02/06/2015						
03/06/2015						
04/06/2015						
05/06/2015						
06/06/2015						
07/06/2015						
08/06/2015						
09/06/2015						
10/06/2015						
11/06/2015						
12/06/2015						
13/06/2015						
14/06/2015						
15/06/2015						
16/06/2015						
17/06/2015						
18/06/2015						
19/06/2015						
20/06/2015						
21/06/2015						
22/06/2015						
23/06/2015						
24/06/2015						
25/06/2015						
26/06/2015						
27/06/2015						
28/06/2015						
29/06/2015						
30/06/2015						
01/07/2015						
02/07/2015						
03/07/2015						
04/07/2015						
05/07/2015						
06/07/2015						
07/07/2015						
08/07/2015						
09/07/2015						
10/07/2015						
11/07/2015						
12/07/2015						
13/07/2015						
14/07/2015						
15/07/2015						
16/07/2015						
17/07/2015						
18/07/2015						
19/07/2015						
20/07/2015						

	OPPOSIZIONI URANO				OPPOSIZIONI NETTUNO	
	NT	S	PL	S	PL	S
21/07/2015						
22/07/2015						
23/07/2015						
24/07/2015						
25/07/2015						
26/07/2015						
27/07/2015						
28/07/2015						
29/07/2015						
30/07/2015						
31/07/2015						
01/08/2015						
02/08/2015						
03/08/2015						
04/08/2015						
05/08/2015						
06/08/2015						
07/08/2015						
08/08/2015						
09/08/2015						
10/08/2015						
11/08/2015						
12/08/2015						
13/08/2015						
14/08/2015						
15/08/2015						
16/08/2015						
17/08/2015						
18/08/2015						
19/08/2015						
20/08/2015						
21/08/2015						
22/08/2015						
23/08/2015						
24/08/2015						
25/08/2015						
26/08/2015						
27/08/2015						
28/08/2015						
29/08/2015						
30/08/2015						
31/08/2015						
01/09/2015						
02/09/2015						
03/09/2015						
04/09/2015						
05/09/2015						
06/09/2015						
07/09/2015						
08/09/2015						
09/09/2015						
10/09/2015						
11/09/2015						
12/09/2015						
13/09/2015						
14/09/2015						
15/09/2015						
16/09/2015						
17/09/2015						
18/09/2015						
19/09/2015						
20/09/2015						
21/09/2015						
22/09/2015						
23/09/2015						
24/09/2015						
25/09/2015						

	OPPOSIZIONI URANO				OPPOSIZIONI NETTUNO	
	NT	S	PL	S	PL	S
26/09/2015						
27/09/2015						
28/09/2015						
29/09/2015						
30/09/2015						
01/10/2015						
02/10/2015						
03/10/2015						
04/10/2015						
05/10/2015						
06/10/2015						
07/10/2015						
08/10/2015						
09/10/2015						
10/10/2015						
11/10/2015						
12/10/2015						
13/10/2015						
14/10/2015						
15/10/2015						
16/10/2015						
17/10/2015						
18/10/2015						
19/10/2015						
20/10/2015						
21/10/2015						
22/10/2015						
23/10/2015						
24/10/2015						
25/10/2015						
26/10/2015						
27/10/2015						
28/10/2015						
29/10/2015						
30/10/2015						
31/10/2015						
01/11/2015						
02/11/2015						
03/11/2015						
04/11/2015						
05/11/2015						
06/11/2015						
07/11/2015						
08/11/2015						
09/11/2015						
10/11/2015						
11/11/2015						
12/11/2015						
13/11/2015						
14/11/2015						
15/11/2015						
16/11/2015						
17/11/2015						
18/11/2015						
19/11/2015						
20/11/2015						
21/11/2015						
22/11/2015						
23/11/2015						
24/11/2015						
25/11/2015						
26/11/2015						
27/11/2015						
28/11/2015						
29/11/2015						
30/11/2015						
01/12/2015						

	OPPOSIZIONI URANO				OPPOSIZIONI NETTUNO	
	NT	S	PL	S	PL	S
02/12/2015						
03/12/2015						
04/12/2015						
05/12/2015						
06/12/2015						
07/12/2015						
08/12/2015						
09/12/2015						
10/12/2015						
11/12/2015						
12/12/2015						
13/12/2015						
14/12/2015						
15/12/2015						
16/12/2015						
17/12/2015						
18/12/2015						
19/12/2015						
20/12/2015						
21/12/2015						
22/12/2015						
23/12/2015						
24/12/2015						
25/12/2015						
26/12/2015						
27/12/2015						
28/12/2015						
29/12/2015						
30/12/2015						
31/12/2015						
01/01/2016						

SESTILI SOLE

Data	LN	S	MT	S	GV	S	ST	S	UR	S	NT	S	PL	S
01/01/2015											4,8	♄♓		
02/01/2015														
03/01/2015														
04/01/2015														
05/01/2015														
06/01/2015														
07/01/2015														
08/01/2015														
09/01/2015														
10/01/2015														
11/01/2015														
12/01/2015														
13/01/2015														
14/01/2015														
15/01/2015														
16/01/2015	0,1	♑♏												
17/01/2015														
18/01/2015								4,9	♑♐					
19/01/2015								4,0	♑♐					
20/01/2015								3,0	♑♐					
21/01/2015								2,1	♒♐					
22/01/2015								1,2	♒♐					
23/01/2015								0,2	♒♐					
24/01/2015								0,7	♒♐					
25/01/2015	1,6	♒♈						1,7	♒♐					
26/01/2015								2,6	♒♐					
27/01/2015								3,6	♒♐					
28/01/2015								4,5	♒♐					
29/01/2015										4,4	♒♈			
30/01/2015										3,5	♒♈			
31/01/2015										2,5	♒♈			
01/02/2015										1,5	♒♈			
02/02/2015										0,5	♒♈			
03/02/2015										0,5	♒♈			
04/02/2015										1,4	♒♈			
05/02/2015										2,4	♒♈			
06/02/2015										3,4	♒♈			
07/02/2015										4,4	♒♈			
08/02/2015														
09/02/2015														
10/02/2015														
11/02/2015														
12/02/2015														
13/02/2015														
14/02/2015	7,8	♒♐												
15/02/2015	5,0	♒♑												
16/02/2015														
17/02/2015														
18/02/2015														
19/02/2015														
20/02/2015														
21/02/2015														
22/02/2015														
23/02/2015	4,3	♓♈												
24/02/2015	8,7	♓♉												
25/02/2015														
26/02/2015														
27/02/2015														
28/02/2015														
01/03/2015													4,9	♓♎
02/03/2015													3,9	♓♎
03/03/2015													3,0	♓♎
04/03/2015													2,0	♓♎
05/03/2015													1,0	♓♎
06/03/2015													0,0	♓♎
07/03/2015													1,0	♓♎
08/03/2015													1,9	♓♎

SESTILI SOLE

	LN	S	MT	S	GV	S	ST	S	UR	S	NT	S	PL	S
09/03/2015													2,9	♓︎♎︎
10/03/2015													3,9	♓︎♎︎
11/03/2015													4,9	♓︎♎︎
12/03/2015														
13/03/2015														
14/03/2015														
15/03/2015														
16/03/2015	1,2	♓︎♑︎												
17/03/2015														
18/03/2015														
19/03/2015														
20/03/2015														
21/03/2015														
22/03/2015														
23/03/2015														
24/03/2015														
25/03/2015	2,0	♈︎♊︎												
26/03/2015														
27/03/2015														
28/03/2015														
29/03/2015														
30/03/2015														
31/03/2015														
01/04/2015														
02/04/2015														
03/04/2015														
04/04/2015														
05/04/2015														
06/04/2015														
07/04/2015														
08/04/2015														
09/04/2015														
10/04/2015														
11/04/2015														
12/04/2015														
13/04/2015														
14/04/2015	5,9	♈︎♒︎												
15/04/2015	7,6	♈︎♓︎												
16/04/2015														
17/04/2015														
18/04/2015														
19/04/2015														
20/04/2015														
21/04/2015														
22/04/2015														
23/04/2015	5,0	♉︎♊︎												
24/04/2015	7,1	♉︎♋︎												
25/04/2015												4,7	♉︎♓︎	
26/04/2015												3,8	♉︎♓︎	
27/04/2015												2,8	♉︎♓︎	
28/04/2015												1,9	♉︎♓︎	
29/04/2015												0,9	♉︎♓︎	
30/04/2015												0,0	♉︎♓︎	
01/05/2015												1,0	♉︎♓︎	
02/05/2015												1,9	♉︎♓︎	
03/05/2015												2,9	♉︎♓︎	
04/05/2015												3,8	♉︎♓︎	
05/05/2015												4,8	♉︎♓︎	
06/05/2015														
07/05/2015														
08/05/2015														
09/05/2015														
10/05/2015														
11/05/2015														
12/05/2015														
13/05/2015	9,4	♉︎♓︎												
14/05/2015	4,0	♉︎♓︎												

SESTILI SOLE

Date	LN	S	MT	S	GV	S	ST	S	UR	S	NT	S	PL	S
15/05/2015														
16/05/2015														
17/05/2015														
18/05/2015														
19/05/2015														
20/05/2015														
21/05/2015														
22/05/2015														
23/05/2015	0,4	♊♌												
24/05/2015														
25/05/2015														
26/05/2015														
27/05/2015														
28/05/2015														
29/05/2015														
30/05/2015														
31/05/2015														
01/06/2015														
02/06/2015														
03/06/2015					4,8	♊♌								
04/06/2015					4,0	♊♌								
05/06/2015					3,2	♊♌								
06/06/2015					2,3	♊♌			4,5	♊♈				
07/06/2015					1,5	♊♌			3,6	♊♈				
08/06/2015					0,7	♊♌			2,7	♊♈				
09/06/2015					0,1	♊♌			1,7	♊♈				
10/06/2015					0,9	♊♌			0,8	♊♈				
11/06/2015					1,7	♊♌			0,1	♊♈				
12/06/2015	0,9	♊♈			2,5	♊♌			1,0	♊♈				
13/06/2015					3,3	♊♌			1,9	♊♈				
14/06/2015					4,1	♊♌			2,9	♊♈				
15/06/2015					4,8	♊♌			3,8	♊♈				
16/06/2015									4,7	♊♈				
17/06/2015														
18/06/2015														
19/06/2015														
20/06/2015														
21/06/2015	7,9	♊♌												
22/06/2015	3,2	♋♍												
23/06/2015														
24/06/2015														
25/06/2015														
26/06/2015														
27/06/2015														
28/06/2015														
29/06/2015														
30/06/2015														
01/07/2015														
02/07/2015														
03/07/2015														
04/07/2015														
05/07/2015														
06/07/2015														
07/07/2015														
08/07/2015														
09/07/2015														
10/07/2015														
11/07/2015	2,2	♋♉												
12/07/2015														
13/07/2015														
14/07/2015														
15/07/2015														
16/07/2015														
17/07/2015														
18/07/2015														
19/07/2015														
20/07/2015														

SESTILI SOLE

	LN	S	MT	S	GV	S	ST	S	UR	S	NT	S	PL	S
21/07/2015	4,5	☾♍												
22/07/2015	6,3	☾♎												
23/07/2015														
24/07/2015														
25/07/2015														
26/07/2015														
27/07/2015														
28/07/2015														
29/07/2015														
30/07/2015														
31/07/2015														
01/08/2015														
02/08/2015														
03/08/2015														
04/08/2015														
05/08/2015														
06/08/2015														
07/08/2015														
08/08/2015														
09/08/2015	5,9	♌♊												
10/08/2015	6,3	♌♊												
11/08/2015														
12/08/2015														
13/08/2015														
14/08/2015														
15/08/2015														
16/08/2015														
17/08/2015														
18/08/2015														
19/08/2015														
20/08/2015	1,3	♌♎												
21/08/2015	9,6	♌♏												
22/08/2015														
23/08/2015														
24/08/2015														
25/08/2015														
26/08/2015														
27/08/2015														
28/08/2015														
29/08/2015														
30/08/2015														
31/08/2015														
01/09/2015														
02/09/2015														
03/09/2015														
04/09/2015														
05/09/2015														
06/09/2015														
07/09/2015														
08/09/2015	1,1	♍☾												
09/09/2015														
10/09/2015														
11/09/2015														
12/09/2015														
13/09/2015														
14/09/2015														
15/09/2015														
16/09/2015														
17/09/2015														
18/09/2015	8,7	♍♏												
19/09/2015	2,4	♍♏					4,3	♍♐						
20/09/2015							3,4	♍♐						
21/09/2015							2,5	♍♐						
22/09/2015							1,6	♍♐						
23/09/2015							0,7	♍♐						
24/09/2015							0,2	♎♐						
25/09/2015							1,1	♎♐						

SESTILI SOLE

Data	LN	S	MT	S	GV	S	ST	S	UR	S	NT	S	PL	S
26/09/2015							2,0	♎♐						
27/09/2015							2,9	♎♐						
28/09/2015							3,8	♎♐						
29/09/2015							4,7	♎♐						
30/09/2015														
01/10/2015														
02/10/2015														
03/10/2015														
04/10/2015														
05/10/2015														
06/10/2015														
07/10/2015	5,4	♎♌												
08/10/2015	5,7	♎♌												
09/10/2015														
10/10/2015														
11/10/2015														
12/10/2015														
13/10/2015														
14/10/2015														
15/10/2015														
16/10/2015														
17/10/2015														
18/10/2015	4,3	♎♐												
19/10/2015	7,5	♎♑												
20/10/2015														
21/10/2015														
22/10/2015														
23/10/2015														
24/10/2015														
25/10/2015														
26/10/2015														
27/10/2015														
28/10/2015														
29/10/2015														
30/10/2015														
31/10/2015														
01/11/2015														
02/11/2015														4,1	♏♍
03/11/2015													3,1	♏♍
04/11/2015													2,1	♏♍
05/11/2015													1,1	♏♍
06/11/2015	2,5	♏♍			4,3	♏♍							0,2	♏♍
07/11/2015	8,3	♏♍			3,5	♏♍							0,8	♏♍
08/11/2015					2,6	♏♍							1,8	♏♍
09/11/2015					1,8	♏♍							2,8	♏♍
10/11/2015					0,9	♏♍							3,8	♏♍
11/11/2015					0,1	♏♍							4,7	♏♍
12/11/2015					0,8	♏♍								
13/11/2015					1,6	♏♍								
14/11/2015					2,5	♏♍								
15/11/2015					3,3	♏♍								
16/11/2015					4,2	♏♍								
17/11/2015	1,6	♏♑												
18/11/2015														
19/11/2015														
20/11/2015														
21/11/2015														
22/11/2015														
23/11/2015														
24/11/2015														
25/11/2015			4,8	♐♎										
26/11/2015			4,4	♐♎										
27/11/2015			4,0	♐♎										
28/11/2015			3,6	♐♎										
29/11/2015			3,2	♐♎										
30/11/2015			2,7	♐♎										
01/12/2015			2,3	♐♎										

SESTILI SOLE

	LN	S	MT	S	GV	S	ST	S	UR	S	NT	S	PL	S
02/12/2015			1,9	♐♎										
03/12/2015			1,5	♐♎										
04/12/2015			1,0	♐♎										
05/12/2015			0,6	♐♎										
06/12/2015	1,0	♐♎	0,2	♐♎										
07/12/2015	9,8	♐♎	0,2	♐♎										
08/12/2015			0,7	♐♎										
09/12/2015			1,1	♐♎										
10/12/2015			1,5	♐♎										
11/12/2015			2,0	♐♎										
12/12/2015			2,4	♐♎										
13/12/2015			2,9	♐♎										
14/12/2015			3,3	♐♎										
15/12/2015			3,7	♐♎										
16/12/2015	3,9	♐♒	4,2	♐♎										
17/12/2015	8,9	♐♓	4,6	♐♎										
18/12/2015														
19/12/2015														
20/12/2015														
21/12/2015														
22/12/2015														
23/12/2015														
24/12/2015														
25/12/2015											4,5	♑♓		
26/12/2015											3,5	♑♓		
27/12/2015											2,5	♑♓		
28/12/2015											1,5	♑♓		
29/12/2015											0,6	♑♓		
30/12/2015											0,4	♑♓		
31/12/2015											1,4	♑♓		
01/01/2016											2,4	♑♓		

SESTILI LUNA

	MC	S	VE	S	MT	S	GV	S	ST	S	UR	S	NT	S	PL	S
01/01/2015																
02/01/2015											8,9	♊♈				
03/01/2015							5,0	♊♌			4,0	♊♈				
04/01/2015							7,9	♊♌								
05/01/2015																
06/01/2015																
07/01/2015																
08/01/2015																
09/01/2015																
10/01/2015																
11/01/2015									7,7	♍♐						
12/01/2015									4,0	♎♐						
13/01/2015							2,8	♎♌								
14/01/2015							9,6	♏♌								
15/01/2015															1,0	♏♑
16/01/2015																
17/01/2015	6,2	♐♒	7,8	♐♒												
18/01/2015	7,0	♐♒	4,9	♐♒												
19/01/2015					2,0	♑♓							1,3	♑♓		
20/01/2015																
21/01/2015									4,2	♒♐	6,1	♒♈				
22/01/2015											9,0	♒♈				
23/01/2015															6,9	♓♑
24/01/2015															7,8	♓♑
25/01/2015	9,7	♈♒														
26/01/2015	5,1	♈♒	7,6	♈♒												
27/01/2015			5,0	♉♒	7,2	♉♓							2,0	♉♓		
28/01/2015					5,5	♉♓										
29/01/2015																
30/01/2015							5,0	♊♌			0,4	♊♈				
31/01/2015							7,7	♊♌								
01/02/2015																
02/02/2015																
03/02/2015																
04/02/2015																
05/02/2015																
06/02/2015																
07/02/2015																
08/02/2015									1,3	♎♐						
09/02/2015							2,9	♎♌								
10/02/2015							9,2	♎♌								
11/02/2015															5,9	♏♑
12/02/2015															6,5	♏♑
13/02/2015	2,5	♐♒														
14/02/2015																
15/02/2015													5,9	♑♓		
16/02/2015			8,9	♑♓									8,3	♑♓		
17/02/2015			4,6	♑♓	2,2	♑♓			4,5	♑♐						
18/02/2015											1,0	♒♈				
19/02/2015																
20/02/2015															0,6	♓♑
21/02/2015	5,1	♈♒														
22/02/2015	8,8	♈♒														
23/02/2015													7,4	♈♓		
24/02/2015													6,5	♉♓		
25/02/2015			7,8	♉♈	6,6	♉♈										
26/02/2015			4,1	♊♈	5,9	♊♈	4,7	♊♌			3,9	♊♈				
27/02/2015							8,2	♊♌			8,9	♊♈				
28/02/2015																
01/03/2015																
02/03/2015																
03/03/2015																
04/03/2015																
05/03/2015																
06/03/2015																
07/03/2015									5,3	♍♐						
08/03/2015							2,7	♎♌	6,5	♎♐						

SESTILI LUNA

	MC	S	VE	S	MT	S	GV	S	ST	S	UR	S	NT	S	PL	S
09/03/2015							9,3	♎☊								
10/03/2015															9,7	♏♑
11/03/2015															2,5	♏♑
12/03/2015																
13/03/2015																
14/03/2015	5,0	♐♓														
15/03/2015	7,1	♑♓											2,0	♑♓		
16/03/2015																
17/03/2015									3,4	♒♐	7,0	♒♈				
18/03/2015			7,5	♒♉	3,4	♒♈					7,8	♒♈				
19/03/2015			6,3	♓♉											7,1	♓♑
20/03/2015															8,0	♓♑
21/03/2015																
22/03/2015																
23/03/2015	7,6	♉♓											0,1	♉♓		
24/03/2015	4,9	♉♓														
25/03/2015							6,9	♊♌			9,7	♊♈				
26/03/2015					6,4	♊♈	6,5	♊♌			3,6	♊♈				
27/03/2015			9,2	♋♉	5,7	♋♈										
28/03/2015			2,1	♋♉												
29/03/2015																
30/03/2015																
31/03/2015																
01/04/2015																
02/04/2015																
03/04/2015									8,1	♍♐						
04/04/2015							4,3	♎♌	3,8	♎♐						
05/04/2015							7,8	♎♌								
06/04/2015																
07/04/2015															0,7	♏♑
08/04/2015																
09/04/2015																
10/04/2015																
11/04/2015													2,6	♑♓		
12/04/2015																
13/04/2015									0,6	♒♐						
14/04/2015											1,0	♒♈				
15/04/2015	2,2	♓♉			8,2	♓♉										
16/04/2015					5,8	♓♉									1,5	♓♑
17/04/2015			4,4	♈♊												
18/04/2015			9,3	♈♊												
19/04/2015													7,5	♉♓		
20/04/2015													7,0	♉♓		
21/04/2015																
22/04/2015							1,3	♊♌			3,2	♊♈				
23/04/2015																
24/04/2015	7,7	♋♉			6,5	♋♉										
25/04/2015	3,1	♋♉			5,4	♋♉										
26/04/2015																
27/04/2015			0,2	♌♊												
28/04/2015																
29/04/2015																
30/04/2015																
01/05/2015							8,4	♎♌	1,7	♎♐						
02/05/2015							3,5	♎♌								
03/05/2015																
04/05/2015															4,0	♏♑
05/05/2015															8,6	♏♑
06/05/2015																
07/05/2015																
08/05/2015													6,3	♑♓		
09/05/2015													7,2	♑♓		
10/05/2015									2,2	♒♐						
11/05/2015											4,1	♒♈				
12/05/2015											9,9	♒♈				
13/05/2015															2,9	♓♑
14/05/2015					4,5	♓♊										

SESTILI LUNA

	MC	S	VE	S	MT	S	GV	S	ST	S	UR	S	NT	S	PL	S
15/05/2015	1,2	♈♊			9,3	♈♊										
16/05/2015																
17/05/2015			0,3	♉♋									0,5	♉♓		
18/05/2015																
19/05/2015							6,5	♊♌								
20/05/2015							7,1	♊♌			3,4	♊♈				
21/05/2015																
22/05/2015																
23/05/2015					6,5	♌♊										
24/05/2015	1,3	♌♊			5,2	♌♊										
25/05/2015																
26/05/2015																
27/05/2015			1,1	♍♋												
28/05/2015			9,7	♎♋					0,1	♎♐						
29/05/2015							3,2	♎♌								
30/05/2015							8,8	♎♌								
31/05/2015															7,7	♏♑
01/06/2015															4,9	♏♑
02/06/2015																
03/06/2015																
04/06/2015																
05/06/2015													3,4	♑♓		
06/06/2015									3,5	♑♐						
07/06/2015											8,5	♒♈				
08/06/2015											5,6	♒♈				
09/06/2015															5,7	♓♑
10/06/2015															8,5	♓♑
11/06/2015	2,9	♈♊														
12/06/2015					0,2	♈♊										
13/06/2015													4,1	♉♓		
14/06/2015													9,9	♉♓		
15/06/2015			5,2	♊♌												
16/06/2015			7,6	♊♌			1,7	♊♌			2,6	♊♈				
17/06/2015																
18/06/2015																
19/06/2015	9,8	♋♊														
20/06/2015	2,2	♌♊														
21/06/2015					6,1	♌♊										
22/06/2015					5,2	♍♊										
23/06/2015																
24/06/2015							2,2	♍♏								
25/06/2015			8,0	♎♌			9,6	♎♏								
26/06/2015			3,2	♎♌			0,3	♎♌								
27/06/2015																
28/06/2015															1,0	♏♑
29/06/2015																
30/06/2015																
01/07/2015																
02/07/2015													1,1	♑♓		
03/07/2015							6,3	♑♏								
04/07/2015							8,0	♒♏								
05/07/2015									1,0	♒♈						
06/07/2015															8,5	♓♑
07/07/2015															5,9	♓♑
08/07/2015																
09/07/2015																
10/07/2015	0,2	♉♋			7,9	♉♋							7,2	♉♓		
11/07/2015					5,2	♉♋							6,6	♉♓		
12/07/2015																
13/07/2015											7,1	♊♈				
14/07/2015			1,9	♊♌			2,5	♊♌			6,1	♊♈				
15/07/2015																
16/07/2015																
17/07/2015																
18/07/2015																
19/07/2015																
20/07/2015					5,4	♍♋										

SESTILI LUNA

Date	MC	S	VE	S	MT	S	GV	S	ST	S	UR	S	NT	S	PL	S
21/07/2015	1,2	♍☉			5,8	♍☉			5,0	♍♏						
22/07/2015	8,4	♎☉							6,8	♎♏						
23/07/2015							8,9	♎♌								
24/07/2015			1,8	♎♍			2,8	♎♌								
25/07/2015															2,8	♏♑
26/07/2015															9,7	♏♑
27/07/2015																
28/07/2015																
29/07/2015													6,3	♑♓		
30/07/2015													7,8	♑♓		
31/07/2015									3,1	♒♏						
01/08/2015											4,4	♒♈				
02/08/2015																
03/08/2015															2,1	♓♑
04/08/2015																
05/08/2015																
06/08/2015													10,0	♈♓		
07/08/2015													4,0	♉♓		
08/08/2015					2,6	♉☉										
09/08/2015																
10/08/2015			2,7	♊♌			6,3	♊♌			3,0	♊♈				
11/08/2015	0,9	☉♍					6,5	☉♌								
12/08/2015																
13/08/2015																
14/08/2015																
15/08/2015																
16/08/2015																
17/08/2015									8,5	♍♏						
18/08/2015					4,0	♎♌			3,3	♎♏						
19/08/2015			7,1	♎♌	7,1	♎♌										
20/08/2015			5,3	♎♌			6,5	♎♍								
21/08/2015							5,2	♏♍							6,0	♏♑
22/08/2015	3,1	♏♍													6,1	♏♑
23/08/2015	7,8	♐♍														
24/08/2015																
25/08/2015																
26/08/2015													2,6	♑♓		
27/08/2015									3,6	♑♏						
28/08/2015																
29/08/2015											4,4	♒♈				
30/08/2015															3,6	♓♑
31/08/2015																
01/09/2015																
02/09/2015																
03/09/2015													0,7	♉♓		
04/09/2015																
05/09/2015			7,5	♊♌												
06/09/2015			6,0	♊♌	2,4	♊♌					0,5	♊♈				
07/09/2015							2,3	☉♍								
08/09/2015																
09/09/2015																
10/09/2015	2,2	♌♎														
11/09/2015	9,3	♌♎														
12/09/2015																
13/09/2015																
14/09/2015									1,0	♍♏						
15/09/2015			5,3	♎♌												
16/09/2015			6,2	♎♌	2,0	♎♌										
17/09/2015					9,2	♏♌	3,8	♏♍							8,9	♏♑
18/09/2015							7,9	♏♍							3,1	♏♑
19/09/2015																
20/09/2015	5,1	♐♎														
21/09/2015	7,9	♐♎														
22/09/2015													1,6	♑♓		
23/09/2015																
24/09/2015									3,2	♒♐						
25/09/2015											1,3	♒♈				

SESTILI LUNA

	MC	S	VE	S	MT	S	GV	S	ST	S	UR	S	NT	S	PL	S
26/09/2015																
27/09/2015															4,7	♓♑
28/09/2015																
29/09/2015																
30/09/2015													4,5	♉♓		
01/10/2015																
02/10/2015																
03/10/2015			9,3	♊♌							2,6	♊♈				
04/10/2015			3,5	♊♌	5,8	♊♍										
05/10/2015					6,7	♋♍	1,2	♋♍								
06/10/2015	6,5	♋♎														
07/10/2015	6,4	♌♎														
08/10/2015																
09/10/2015																
10/10/2015																
11/10/2015									6,2	♍♐						
12/10/2015									5,5	♎♐						
13/10/2015																
14/10/2015			3,3	♏♍												
15/10/2015			7,8	♏♍	0,8	♏♍	0,5	♏♍							0,1	♏♑
16/10/2015	9,0	♏♎														
17/10/2015	2,2	♐♎														
18/10/2015																
19/10/2015													4,5	♑♓		
20/10/2015													8,5	♑♓		
21/10/2015									3,8	♑♐						
22/10/2015									9,8	♒♐	5,3	♒♈				
23/10/2015											8,8	♒♈				
24/10/2015															1,9	♓♑
25/10/2015																
26/10/2015																
27/10/2015																
28/10/2015													4,1	♉♓		
29/10/2015																
30/10/2015											7,2	♊♈				
31/10/2015											7,0	♊♈				
01/11/2015							8,3	♋♍								
02/11/2015			1,4	♋♍	1,8	♋♍	4,7	♋♍								
03/11/2015																
04/11/2015																
05/11/2015	5,7	♌♏														
06/11/2015	4,6	♍♏														
07/11/2015																
08/11/2015									0,6	♎♐						
09/11/2015																
10/11/2015																
11/11/2015							8,3	♏♍							3,5	♏♑
12/11/2015					7,3	♏♍	3,7	♏♍							8,6	♏♑
13/11/2015			0,2	♐♎	4,5	♐♎										
14/11/2015																
15/11/2015													7,2	♐♓		
16/11/2015	9,6	♑♏											5,7	♑♓		
17/11/2015	2,0	♑♏														
18/11/2015									3,2	♒♐	7,9	♒♈				
19/11/2015											5,8	♒♈				
20/11/2015															7,0	♓♑
21/11/2015															7,1	♓♑
22/11/2015																
23/11/2015																
24/11/2015													2,4	♉♓		
25/11/2015																
26/11/2015																
27/11/2015											1,6	♊♈				
28/11/2015																
29/11/2015							4,5	♋♍								
30/11/2015							8,7	♋♍								
01/12/2015					1,6	♌♎										

SESTILI LUNA

	MC	S	VE	S	MT	S	GV	S	ST	S	UR	S	NT	S	PL	S
02/12/2015			1,5	♌︎♎︎												
03/12/2015			9,5	♍︎♎︎												
04/12/2015																
05/12/2015									7,3	♎︎♐︎						
06/12/2015									4,3	♎︎♐︎						
07/12/2015	0,9	♎︎♐︎														
08/12/2015	9,5	♏︎♐︎													8,0	♏︎♑︎
09/12/2015							3,4	♏︎♍︎							4,2	♏︎♑︎
10/12/2015							8,9	♐︎♍︎								
11/12/2015					3,2	♐︎♎︎										
12/12/2015					9,1	♐︎♎︎										
13/12/2015			0,2	♑︎♏︎									2,2	♑︎♓︎		
14/12/2015																
15/12/2015									3,0	♒︎♐︎						
16/12/2015											3,2	♒︎♈︎				
17/12/2015	6,9	♓︎♑︎														
18/12/2015	5,5	♓︎♑︎													2,9	♓︎♑︎
19/12/2015																
20/12/2015																
21/12/2015													7,4	♈︎♓︎		
22/12/2015													6,8	♉︎♓︎		
23/12/2015																
24/12/2015													3,8	♊︎♈︎		
25/12/2015																
26/12/2015																
27/12/2015							1,2	♋︎♍︎								
28/12/2015																
29/12/2015					6,7	♌︎♎︎										
30/12/2015					5,1	♍︎♎︎										
31/12/2015																
01/01/2016			5,4	♍︎♐︎												

SESTILI MERCURIO

	VN	S	MT	S	GV	S	ST	S	UR	S	NT	S	PL	S
01/01/2015														
02/01/2015														
03/01/2015							4,3	♑♐						
04/01/2015							2,8	♑♐						
05/01/2015							1,3	♑♐						
06/01/2015							0,1	♒♐						
07/01/2015							1,5	♒♐						
08/01/2015							2,9	♒♐						
09/01/2015							4,2	♒♐						
10/01/2015														
11/01/2015									4,1	♒♈				
12/01/2015									2,8	♒♈				
13/01/2015									1,6	♒♈				
14/01/2015									0,5	♒♈				
15/01/2015									0,6	♒♈				
16/01/2015									1,5	♒♈				
17/01/2015									2,3	♒♈				
18/01/2015									3,0	♒♈				
19/01/2015									3,5	♒♈				
20/01/2015									3,9	♒♈				
21/01/2015									4,1	♒♈				
22/01/2015									4,1	♒♈				
23/01/2015									3,9	♒♈				
24/01/2015									3,5	♒♈				
25/01/2015									3,0	♒♈				
26/01/2015									2,2	♒♈				
27/01/2015									1,3	♒♈				
28/01/2015									0,2	♒♈				
29/01/2015									0,9	♒♈				
30/01/2015									2,2	♒♈				
31/01/2015									3,4	♒♈				
01/02/2015									4,7	♒♈				
02/02/2015							3,8	♒♐						
03/02/2015							2,6	♒♐						
04/02/2015							1,5	♒♐						
05/02/2015							0,4	♒♐						
06/02/2015							0,4	♒♐						
07/02/2015							1,2	♒♐						
08/02/2015							1,8	♒♐						
09/02/2015							2,3	♒♐						
10/02/2015							2,6	♒♐						
11/02/2015							2,8	♒♐						
12/02/2015							2,8	♒♐						
13/02/2015							2,8	♒♐						
14/02/2015							2,6	♒♐						
15/02/2015							2,3	♒♐						
16/02/2015							2,0	♒♐						
17/02/2015							1,5	♒♐						
18/02/2015			5,0	♒♓			1,0	♒♐						
19/02/2015			4,9	♒♓			0,4	♒♐						
20/02/2015			4,8	♒♓			0,3	♒♐						
21/02/2015			4,8	♒♈			1,1	♒♐						
22/02/2015			4,9	♒♈			1,9	♒♐						
23/02/2015	4,7	♒♈					2,8	♒♐						
24/02/2015	4,4	♒♈					3,7	♒♐						
25/02/2015	4,2	♒♈					4,6	♒♐	5,0	♒♈				
26/02/2015	4,0	♒♈							4,0	♒♈				
27/02/2015	3,9	♒♈							2,9	♒♈				
28/02/2015	3,8	♒♈							1,9	♒♈				
01/03/2015	3,7	♒♈							0,8	♒♈				
02/03/2015	3,6	♒♈							0,4	♒♈				
03/03/2015	3,6	♒♈							1,6	♒♈				
04/03/2015	3,7	♒♈							2,8	♒♈				
05/03/2015	3,7	♒♈							4,0	♒♈				
06/03/2015	3,8	♒♈												
07/03/2015	3,9	♒♈												
08/03/2015	4,1	♒♈												

SESTILI MERCURIO

	VN	S	MT	S	GV	S	ST	S	UR	S	NT	S	PL	S
09/03/2015	4,2	♒♈												
10/03/2015	4,4	♒♈												
11/03/2015	4,6	♒♈												
12/03/2015	4,9	♒♈												
13/03/2015														
14/03/2015														
15/03/2015														
16/03/2015														
17/03/2015														
18/03/2015														
19/03/2015														
20/03/2015													4,7	♓♑
21/03/2015													3,1	♓♑
22/03/2015													1,4	♓♑
23/03/2015													0,2	♓♑
24/03/2015													1,9	♓♑
25/03/2015													3,7	♓♑
26/03/2015														
27/03/2015														
28/03/2015														
29/03/2015														
30/03/2015														
31/03/2015														
01/04/2015														
02/04/2015														
03/04/2015														
04/04/2015														
05/04/2015														
06/04/2015														
07/04/2015														
08/04/2015														
09/04/2015														
10/04/2015														
11/04/2015														
12/04/2015														
13/04/2015														
14/04/2015														
15/04/2015														
16/04/2015														
17/04/2015												4,7	♉♓		
18/04/2015											2,6	♉♓		
19/04/2015											0,6	♉♓		
20/04/2015											1,4	♉♓		
21/04/2015											3,4	♉♓		
22/04/2015														
23/04/2015														
24/04/2015														
25/04/2015														
26/04/2015														
27/04/2015														
28/04/2015														
29/04/2015														
30/04/2015														
01/05/2015														
02/05/2015														
03/05/2015														
04/05/2015														
05/05/2015														
06/05/2015														
07/05/2015														
08/05/2015														
09/05/2015														
10/05/2015					4,3	♊♌								
11/05/2015					3,7	♊♌								
12/05/2015					3,2	♊♌								
13/05/2015					2,7	♊♌								
14/05/2015					2,4	♊♌								

SESTILI MERCURIO

	VN	S	MT	S	GV	S	ST	S	UR	S	NT	S	PL	S
15/05/2015					2,1	♊♌								
16/05/2015					1,9	♊♌								
17/05/2015					1,8	♊♌								
18/05/2015					1,8	♊♌								
19/05/2015					1,8	♊♌								
20/05/2015					2,0	♊♌								
21/05/2015					2,2	♊♌								
22/05/2015					2,5	♊♌								
23/05/2015					2,9	♊♌								
24/05/2015					3,3	♊♌								
25/05/2015					3,8	♊♌								
26/05/2015					4,4	♊♌								
27/05/2015					5,0	♊♌								
28/05/2015														
29/05/2015														
30/05/2015														
31/05/2015														
01/06/2015														
02/06/2015														
03/06/2015														
04/06/2015														
05/06/2015														
06/06/2015														
07/06/2015	4,1	♊♌												
08/06/2015	2,9	♊♌												
09/06/2015	1,7	♊♌												
10/06/2015	0,6	♊♌												
11/06/2015	0,5	♊♌												
12/06/2015	1,4	♊♌												
13/06/2015	2,3	♊♌												
14/06/2015	3,1	♊♌												
15/06/2015	3,8	♊♌												
16/06/2015	4,4	♊♌												
17/06/2015	4,9	♊♌												
18/06/2015														
19/06/2015														
20/06/2015														
21/06/2015														
22/06/2015														
23/06/2015														
24/06/2015														
25/06/2015														
26/06/2015														
27/06/2015														
28/06/2015														
29/06/2015	4,8	♊♌							5,0	♊♈				
30/06/2015	4,2	♊♌			4,9	♊♌			3,7	♊♈				
01/07/2015	3,6	♊♌			3,8	♊♌			2,4	♊♈				
02/07/2015	2,9	♊♌			2,6	♊♌			1,1	♊♈				
03/07/2015	2,1	♊♌			1,3	♊♌			0,3	♊♈				
04/07/2015	1,3	♊♌			0,0	♊♌			1,8	♊♈				
05/07/2015	0,3	♊♌			1,3	♊♌			3,3	♊♈				
06/07/2015	0,7	♊♌			2,7	♊♌			4,9	♊♈				
07/07/2015	1,8	♊♌			4,2	♊♌								
08/07/2015	2,9	♊♌												
09/07/2015	4,2	♋♌												
10/07/2015														
11/07/2015														
12/07/2015														
13/07/2015														
14/07/2015														
15/07/2015														
16/07/2015														
17/07/2015														
18/07/2015														
19/07/2015														
20/07/2015														

SESTILI MERCURIO

Date	VN	S	MT	S	GV	S	ST	S	UR	S	NT	S	PL	S
21/07/2015														
22/07/2015														
23/07/2015														
24/07/2015														
25/07/2015														
26/07/2015														
27/07/2015														
28/07/2015														
29/07/2015														
30/07/2015														
31/07/2015														
01/08/2015														
02/08/2015														
03/08/2015														
04/08/2015														
05/08/2015														
06/08/2015														
07/08/2015														
08/08/2015														
09/08/2015														
10/08/2015														
11/08/2015														
12/08/2015														
13/08/2015														
14/08/2015														
15/08/2015														
16/08/2015														
17/08/2015														
18/08/2015														
19/08/2015														
20/08/2015														
21/08/2015														
22/08/2015														
23/08/2015									4,7	♍♏				
24/08/2015									3,4	♍♏				
25/08/2015									2,1	♍♏				
26/08/2015									0,8	♍♏				
27/08/2015									0,4	♍♏				
28/08/2015									1,6	♎♏				
29/08/2015									2,8	♎♏				
30/08/2015									3,9	♎♏				
31/08/2015														
01/09/2015														
02/09/2015														
03/09/2015														
04/09/2015														
05/09/2015														
06/09/2015	4,3	♎♌												
07/09/2015	3,5	♎♌												
08/09/2015	2,7	♎♌												
09/09/2015	2,1	♎♌												
10/09/2015	1,5	♎♌												
11/09/2015	1,0	♎♌												
12/09/2015	0,7	♎♌												
13/09/2015	0,4	♎♌												
14/09/2015	0,3	♎♌												
15/09/2015	0,2	♎♌												
16/09/2015	0,3	♎♌												
17/09/2015	0,6	♎♌												
18/09/2015	0,9	♎♌												
19/09/2015	1,4	♎♌												
20/09/2015	2,0	♎♌												
21/09/2015	2,8	♎♌												
22/09/2015	3,7	♎♌												
23/09/2015	4,8	♎♌												
24/09/2015														
25/09/2015														

SESTILI MERCURIO

Data	VN	S	MT	S	GV	S	ST	S	UR	S	NT	S	PL	S
26/09/2015														
27/09/2015														
28/09/2015														
29/09/2015														
30/09/2015														
01/10/2015														
02/10/2015								4,5	♎♐					
03/10/2015				·			3,4	♎♐						
04/10/2015							2,3	♎♐						
05/10/2015							1,4	♎♐						
06/10/2015							0,6	♎♐						
07/10/2015							0,0	♎♐						
08/10/2015							0,5	♎♐						
09/10/2015							0,8	♎♐						
10/10/2015							0,9	♎♐						
11/10/2015							0,8	♎♐						
12/10/2015							0,6	♎♐						
13/10/2015							0,2	♎♐						
14/10/2015							0,3	♎♐						
15/10/2015							1,0	♎♐						
16/10/2015							1,9	♎♐						
17/10/2015							2,8	♎♐						
18/10/2015							3,9	♎♐						
19/10/2015							5,0	♎♐						
20/10/2015														
21/10/2015														
22/10/2015														
23/10/2015														
24/10/2015														
25/10/2015														
26/10/2015														
27/10/2015														
28/10/2015														
29/10/2015														
30/10/2015														
31/10/2015														
01/11/2015														
02/11/2015														
03/11/2015														
04/11/2015														
05/11/2015														
06/11/2015														
07/11/2015														
08/11/2015														4,0	♏♑
09/11/2015													2,4	♏♑
10/11/2015													0,8	♏♑
11/11/2015					4,0	♏♍							0,8	♏♑
12/11/2015					2,6	♏♍							2,4	♏♑
13/11/2015					1,1	♏♍							4,0	♏♑
14/11/2015					0,3	♏♍								
15/11/2015					1,8	♏♍								
16/11/2015					3,3	♏♍								
17/11/2015					4,7	♏♍								
18/11/2015														
19/11/2015														
20/11/2015														
21/11/2015			4,6	♐♎										
22/11/2015			3,6	♐♎										
23/11/2015			2,6	♐♎										
24/11/2015			1,6	♐♎										
25/11/2015			0,7	♐♎										
26/11/2015			0,3	♐♎										
27/11/2015			1,3	♐♎										
28/11/2015			2,2	♐♎										
29/11/2015			3,2	♐♎										
30/11/2015			4,2	♐♎										
01/12/2015														

SESTILI MERCURIO

	VN	S	MT	S	GV	S	ST	S	UR	S	NT	S	PL	S
02/12/2015														
03/12/2015														
04/12/2015														
05/12/2015														
06/12/2015														
07/12/2015														
08/12/2015														
09/12/2015														
10/12/2015														
11/12/2015														
12/12/2015												4,3	♑♓	
13/12/2015	4,8	♑♏										2,7	♑♓	
14/12/2015	4,4	♑♏										1,2	♑♓	
15/12/2015	4,1	♑♏										0,3	♑♓	
16/12/2015	3,8	♑♏										1,8	♑♓	
17/12/2015	3,5	♑♏										3,3	♑♓	
18/12/2015	3,2	♑♏										4,7	♑♓	
19/12/2015	2,9	♑♏												
20/12/2015	2,6	♑♏												
21/12/2015	2,4	♑♏												
22/12/2015	2,2	♑♏												
23/12/2015	2,0	♑♏												
24/12/2015	1,8	♑♏												
25/12/2015	1,7	♑♏												
26/12/2015	1,7	♑♏												
27/12/2015	1,6	♑♏												
28/12/2015	1,7	♑♏												
29/12/2015	1,8	♑♏												
30/12/2015	2,0	♑♏												
31/12/2015	2,3	♑♐												
01/01/2016	2,8	♑♐												

SESTILI VENERE

Data	MT	S	GV	S	ST	S	UR	S	NT	S	PL	S
01/01/2015					4,1	♑♐						
02/01/2015					3,0	♑♐						
03/01/2015					1,8	♑♐						
04/01/2015					0,7	♒♐						
05/01/2015					0,5	♒♐						
06/01/2015					1,6	♒♐						
07/01/2015					2,8	♒♐						
08/01/2015					3,9	♒♐						
09/01/2015												
10/01/2015							4,7	♒♈				
11/01/2015							3,5	♒♈				
12/01/2015							2,3	♒♈				
13/01/2015							1,0	♒♈				
14/01/2015							0,2	♒♈				
15/01/2015							1,4	♒♈				
16/01/2015							2,7	♒♈				
17/01/2015							3,9	♒♈				
18/01/2015												
19/01/2015												
20/01/2015												
21/01/2015												
22/01/2015												
23/01/2015												
24/01/2015												
25/01/2015												
26/01/2015												
27/01/2015												
28/01/2015												
29/01/2015												
30/01/2015												
31/01/2015												
01/02/2015												
02/02/2015												
03/02/2015												
04/02/2015												
05/02/2015												3,9	♓♑
06/02/2015												2,7	♓♑
07/02/2015												1,5	♓♑
08/02/2015												0,3	♓♑
09/02/2015												0,9	♓♑
10/02/2015												2,1	♓♑
11/02/2015												3,3	♓♑
12/02/2015												4,5	♓♑
13/02/2015													
14/02/2015													
15/02/2015													
16/02/2015													
17/02/2015													
18/02/2015													
19/02/2015													
20/02/2015													
21/02/2015													
22/02/2015													
23/02/2015													
24/02/2015													
25/02/2015													
26/02/2015													
27/02/2015													
28/02/2015													
01/03/2015													
02/03/2015													
03/03/2015													
04/03/2015													
05/03/2015													
06/03/2015													
07/03/2015													
08/03/2015													

SESTILI VENERE

Data	MT	S	GV	S	ST	S	UR	S	NT	S	PL	S
09/03/2015												
10/03/2015												
11/03/2015												
12/03/2015												
13/03/2015												
14/03/2015												
15/03/2015												
16/03/2015												
17/03/2015												
18/03/2015												
19/03/2015												
20/03/2015									5,0	♉♓		
21/03/2015									3,8	♉♓		
22/03/2015									2,6	♉♓		
23/03/2015									1,5	♉♓		
24/03/2015									0,3	♉♓		
25/03/2015									0,9	♉♓		
26/03/2015									2,0	♉♓		
27/03/2015									3,2	♉♓		
28/03/2015									4,3	♉♓		
29/03/2015												
30/03/2015												
31/03/2015												
01/04/2015												
02/04/2015												
03/04/2015												
04/04/2015												
05/04/2015												
06/04/2015												
07/04/2015												
08/04/2015												
09/04/2015												
10/04/2015												
11/04/2015												
12/04/2015												
13/04/2015												
14/04/2015												
15/04/2015												
16/04/2015												
17/04/2015												
18/04/2015												
19/04/2015			4,2	♊♌								
20/04/2015			3,1	♊♌								
21/04/2015			2,0	♊♌								
22/04/2015			0,9	♊♌								
23/04/2015			0,2	♊♌			4,2	♊♈				
24/04/2015			1,3	♊♌			3,1	♊♈				
25/04/2015			2,4	♊♌			2,1	♊♈				
26/04/2015			3,5	♊♌			1,0	♊♈				
27/04/2015			4,6	♊♌			0,1	♊♈				
28/04/2015							1,2	♊♈				
29/04/2015							2,3	♊♈				
30/04/2015							3,3	♊♈				
01/05/2015							4,4	♊♈				
02/05/2015												
03/05/2015												
04/05/2015												
05/05/2015												
06/05/2015												
07/05/2015												
08/05/2015												
09/05/2015												
10/05/2015												
11/05/2015												
12/05/2015												
13/05/2015												
14/05/2015												

SESTILI VENERE

	MT	S	GV	S	ST	S	UR	S	NT	S	PL	S
15/05/2015												
16/05/2015												
17/05/2015												
18/05/2015												
19/05/2015												
20/05/2015												
21/05/2015												
22/05/2015												
23/05/2015												
24/05/2015												
25/05/2015												
26/05/2015												
27/05/2015												
28/05/2015												
29/05/2015												
30/05/2015												
31/05/2015												
01/06/2015												
02/06/2015												
03/06/2015												
04/06/2015												
05/06/2015												
06/06/2015												
07/06/2015												
08/06/2015												
09/06/2015												
10/06/2015												
11/06/2015												
12/06/2015												
13/06/2015												
14/06/2015												
15/06/2015												
16/06/2015												
17/06/2015												
18/06/2015												
19/06/2015												
20/06/2015												
21/06/2015												
22/06/2015												
23/06/2015												
24/06/2015												
25/06/2015												
26/06/2015												
27/06/2015												
28/06/2015												
29/06/2015												
30/06/2015												
01/07/2015												
02/07/2015												
03/07/2015												
04/07/2015												
05/07/2015												
06/07/2015												
07/07/2015												
08/07/2015												
09/07/2015												
10/07/2015												
11/07/2015												
12/07/2015												
13/07/2015												
14/07/2015												
15/07/2015												
16/07/2015												
17/07/2015												
18/07/2015												
19/07/2015												
20/07/2015												

SESTILI VENERE

	MT	S	GV	S	ST	S	UR	S	NT	S	PL	S
21/07/2015												
22/07/2015												
23/07/2015												
24/07/2015												
25/07/2015												
26/07/2015												
27/07/2015												
28/07/2015												
29/07/2015												
30/07/2015												
31/07/2015												
01/08/2015												
02/08/2015												
03/08/2015												
04/08/2015												
05/08/2015												
06/08/2015												
07/08/2015												
08/08/2015												
09/08/2015												
10/08/2015												
11/08/2015												
12/08/2015												
13/08/2015												
14/08/2015												
15/08/2015												
16/08/2015												
17/08/2015												
18/08/2015												
19/08/2015												
20/08/2015												
21/08/2015												
22/08/2015												
23/08/2015												
24/08/2015												
25/08/2015												
26/08/2015												
27/08/2015												
28/08/2015												
29/08/2015												
30/08/2015												
31/08/2015												
01/09/2015												
02/09/2015												
03/09/2015												
04/09/2015												
05/09/2015												
06/09/2015												
07/09/2015												
08/09/2015												
09/09/2015												
10/09/2015												
11/09/2015												
12/09/2015												
13/09/2015												
14/09/2015												
15/09/2015												
16/09/2015												
17/09/2015												
18/09/2015												
19/09/2015												
20/09/2015												
21/09/2015												
22/09/2015												
23/09/2015												
24/09/2015												
25/09/2015												

SESTILI VENERE

	MT	S	GV	S	ST	S	UR	S	NT	S	PL	S
26/09/2015												
27/09/2015												
28/09/2015												
29/09/2015												
30/09/2015												
01/10/2015												
02/10/2015												
03/10/2015												
04/10/2015												
05/10/2015												
06/10/2015												
07/10/2015												
08/10/2015												
09/10/2015												
10/10/2015												
11/10/2015												
12/10/2015												
13/10/2015												
14/10/2015												
15/10/2015												
16/10/2015												
17/10/2015												
18/10/2015												
19/10/2015												
20/10/2015												
21/10/2015												
22/10/2015												
23/10/2015												
24/10/2015												
25/10/2015												
26/10/2015												
27/10/2015												
28/10/2015												
29/10/2015												
30/10/2015												
31/10/2015												
01/11/2015												
02/11/2015												
03/11/2015												
04/11/2015												
05/11/2015												
06/11/2015												
07/11/2015												
08/11/2015												
09/11/2015					4,6	♎♐						
10/11/2015					3,6	♎♐						
11/11/2015					2,7	♎♐						
12/11/2015					1,7	♎♐						
13/11/2015					0,7	♎♐						
14/11/2015					0,3	♎♐						
15/11/2015					1,3	♎♐						
16/11/2015					2,3	♎♐						
17/11/2015					3,3	♎♐						
18/11/2015					4,3	♎♐						
19/11/2015												
20/11/2015												
21/11/2015												
22/11/2015												
23/11/2015												
24/11/2015												
25/11/2015												
26/11/2015												
27/11/2015												
28/11/2015												
29/11/2015												
30/11/2015												
01/12/2015												

SESTILI VENERE

	MT	S	GV	S	ST	S	UR	S	NT	S	PL	S
02/12/2015												
03/12/2015												
04/12/2015												
05/12/2015												
06/12/2015												
07/12/2015												
08/12/2015												
09/12/2015												
10/12/2015												
11/12/2015												
12/12/2015												
13/12/2015												
14/12/2015												4,0	♏ ♑
15/12/2015												2,9	♏ ♑
16/12/2015												1,7	♏ ♑
17/12/2015												0,5	♏ ♑
18/12/2015												0,6	♏ ♑
19/12/2015												1,8	♏ ♑
20/12/2015												2,9	♏ ♑
21/12/2015			3,9	♏ ♍							4,1	♏ ♑
22/12/2015			2,8	♏ ♍								
23/12/2015			1,6	♏ ♍								
24/12/2015			0,5	♏ ♍								
25/12/2015			0,7	♏ ♍								
26/12/2015			1,8	♏ ♍								
27/12/2015			3,0	♏ ♍								
28/12/2015			4,2	♏ ♍								
29/12/2015												
30/12/2015												
31/12/2015												
01/01/2016												

SESTILI MARTE

Date	GV	S	ST	S	UR	S	NT	S	PL	S
01/01/2015										
02/01/2015										
03/01/2015										
04/01/2015										
05/01/2015										
06/01/2015										
07/01/2015										
08/01/2015										
09/01/2015										
10/01/2015										
11/01/2015										
12/01/2015										
13/01/2015										
14/01/2015										
15/01/2015										
16/01/2015										
17/01/2015										
18/01/2015										
19/01/2015										
20/01/2015										
21/01/2015										
22/01/2015										
23/01/2015										
24/01/2015									4,9	♓♑
25/01/2015									4,2	♓♑
26/01/2015									3,4	♓♑
27/01/2015									2,7	♓♑
28/01/2015									1,9	♓♑
29/01/2015									1,2	♓♑
30/01/2015									0,4	♓♑
31/01/2015									0,3	♓♑
01/02/2015									1,1	♓♑
02/02/2015									1,8	♓♑
03/02/2015									2,6	♓♑
04/02/2015									3,3	♓♑
05/02/2015									4,1	♓♑
06/02/2015									4,8	♓♑
07/02/2015										
08/02/2015										
09/02/2015										
10/02/2015										
11/02/2015										
12/02/2015										
13/02/2015										
14/02/2015										
15/02/2015										
16/02/2015										
17/02/2015										
18/02/2015										
19/02/2015										
20/02/2015										
21/02/2015										
22/02/2015										
23/02/2015										
24/02/2015										
25/02/2015										
26/02/2015										
27/02/2015										
28/02/2015										
01/03/2015										
02/03/2015										
03/03/2015										
04/03/2015										
05/03/2015										
06/03/2015										
07/03/2015										
08/03/2015										

SESTILI MARTE

	GV	S	ST	S	UR	S	NT	S	PL	S
09/03/2015										
10/03/2015										
11/03/2015										
12/03/2015										
13/03/2015										
14/03/2015										
15/03/2015										
16/03/2015										
17/03/2015										
18/03/2015										
19/03/2015										
20/03/2015										
21/03/2015										
22/03/2015										
23/03/2015										
24/03/2015										
25/03/2015										
26/03/2015										
27/03/2015										
28/03/2015										
29/03/2015										
30/03/2015										
31/03/2015										
01/04/2015										
02/04/2015										
03/04/2015										
04/04/2015										
05/04/2015										
06/04/2015								4,7	♉♓	
07/04/2015								4,0	♉♓	
08/04/2015								3,3	♉♓	
09/04/2015								2,6	♉♓	
10/04/2015								1,9	♉♓	
11/04/2015								1,2	♉♓	
12/04/2015								0,5	♉♓	
13/04/2015								0,2	♉♓	
14/04/2015								0,9	♉♓	
15/04/2015								1,6	♉♓	
16/04/2015								2,3	♉♓	
17/04/2015								3,0	♉♓	
18/04/2015								3,7	♉♓	
19/04/2015								4,4	♉♓	
20/04/2015										
21/04/2015										
22/04/2015										
23/04/2015										
24/04/2015										
25/04/2015										
26/04/2015										
27/04/2015										
28/04/2015										
29/04/2015										
30/04/2015										
01/05/2015										
02/05/2015										
03/05/2015										
04/05/2015										
05/05/2015										
06/05/2015										
07/05/2015										
08/05/2015										
09/05/2015										
10/05/2015										
11/05/2015										
12/05/2015										
13/05/2015										
14/05/2015										

SESTILI MARTE

Data	GV	S	ST	S	UR	S	NT	S	PL	S
15/05/2015										
16/05/2015										
17/05/2015										
18/05/2015										
19/05/2015										
20/05/2015										
21/05/2015										
22/05/2015										
23/05/2015										
24/05/2015										
25/05/2015										
26/05/2015										
27/05/2015										
28/05/2015	4,9	♊♌								
29/05/2015	4,4	♊♌								
30/05/2015	3,8	♊♌								
31/05/2015	3,3	♊♌								
01/06/2015	2,7	♊♌								
02/06/2015	2,2	♊♌			4,8	♊♈				
03/06/2015	1,6	♊♌			4,1	♊♈				
04/06/2015	1,1	♊♌			3,5	♊♈				
05/06/2015	0,5	♊♌			2,8	♊♈				
06/06/2015	0,0	♊♌			2,2	♊♈				
07/06/2015	0,5	♊♌			1,5	♊♈				
08/06/2015	1,1	♊♌			0,9	♊♈				
09/06/2015	1,6	♊♌			0,2	♊♈				
10/06/2015	2,1	♊♌			0,4	♊♈				
11/06/2015	2,7	♊♌			1,1	♊♈				
12/06/2015	3,2	♊♌			1,7	♊♈				
13/06/2015	3,7	♊♌			2,4	♊♈				
14/06/2015	4,2	♊♌			3,0	♊♈				
15/06/2015	4,8	♊♌			3,7	♊♈				
16/06/2015					4,3	♊♈				
17/06/2015					5,0	♊♈				
18/06/2015										
19/06/2015										
20/06/2015										
21/06/2015										
22/06/2015										
23/06/2015										
24/06/2015										
25/06/2015										
26/06/2015										
27/06/2015										
28/06/2015										
29/06/2015										
30/06/2015										
01/07/2015										
02/07/2015										
03/07/2015										
04/07/2015										
05/07/2015										
06/07/2015										
07/07/2015										
08/07/2015										
09/07/2015										
10/07/2015										
11/07/2015										
12/07/2015										
13/07/2015										
14/07/2015										
15/07/2015										
16/07/2015										
17/07/2015										
18/07/2015										
19/07/2015										
20/07/2015										

SESTILI MARTE

	GV	S	ST	S	UR	S	NT	S	PL	S
21/07/2015										
22/07/2015										
23/07/2015										
24/07/2015										
25/07/2015										
26/07/2015										
27/07/2015										
28/07/2015										
29/07/2015										
30/07/2015										
31/07/2015										
01/08/2015										
02/08/2015										
03/08/2015										
04/08/2015										
05/08/2015										
06/08/2015										
07/08/2015										
08/08/2015										
09/08/2015										
10/08/2015										
11/08/2015										
12/08/2015										
13/08/2015										
14/08/2015										
15/08/2015										
16/08/2015										
17/08/2015										
18/08/2015										
19/08/2015										
20/08/2015										
21/08/2015										
22/08/2015										
23/08/2015										
24/08/2015										
25/08/2015										
26/08/2015										
27/08/2015										
28/08/2015										
29/08/2015										
30/08/2015										
31/08/2015										
01/09/2015										
02/09/2015										
03/09/2015										
04/09/2015										
05/09/2015										
06/09/2015										
07/09/2015										
08/09/2015										
09/09/2015										
10/09/2015										
11/09/2015										
12/09/2015										
13/09/2015										
14/09/2015										
15/09/2015										
16/09/2015										
17/09/2015										
18/09/2015										
19/09/2015										
20/09/2015										
21/09/2015										
22/09/2015										
23/09/2015										
24/09/2015										
25/09/2015										

SESTILI MARTE

	GV	S	ST	S	UR	S	NT	S	PL	S
26/09/2015										
27/09/2015										
28/09/2015										
29/09/2015										
30/09/2015										
01/10/2015										
02/10/2015										
03/10/2015										
04/10/2015										
05/10/2015										
06/10/2015										
07/10/2015										
08/10/2015										
09/10/2015										
10/10/2015										
11/10/2015										
12/10/2015										
13/10/2015										
14/10/2015										
15/10/2015										
16/10/2015										
17/10/2015										
18/10/2015										
19/10/2015										
20/10/2015										
21/10/2015										
22/10/2015										
23/10/2015										
24/10/2015										
25/10/2015										
26/10/2015										
27/10/2015										
28/10/2015										
29/10/2015										
30/10/2015										
31/10/2015										
01/11/2015										
02/11/2015										
03/11/2015										
04/11/2015										
05/11/2015										
06/11/2015										
07/11/2015										
08/11/2015										
09/11/2015										
10/11/2015										
11/11/2015										
12/11/2015										
13/11/2015										
14/11/2015			4,9	♎♐						
15/11/2015			4,4	♎♐						
16/11/2015			3,9	♎♐						
17/11/2015			3,5	♎♐						
18/11/2015			3,0	♎♐						
19/11/2015			2,5	♎♐						
20/11/2015			2,0	♎♐						
21/11/2015			1,5	♎♐						
22/11/2015			1,1	♎♐						
23/11/2015			0,6	♎♐						
24/11/2015			0,1	♎♐						
25/11/2015			0,4	♎♐						
26/11/2015			0,8	♎♐						
27/11/2015			1,3	♎♐						
28/11/2015			1,8	♎♐						
29/11/2015			2,3	♎♐						
30/11/2015			2,7	♎♐						
01/12/2015			3,2	♎♐						

SESTILI MARTE

	GV	S	ST	S	UR	S	NT	S	PL	S
02/12/2015			3,7	♎♐						
03/12/2015			4,1	♎♐						
04/12/2015			4,6	♎♐						
05/12/2015										
06/12/2015										
07/12/2015										
08/12/2015										
09/12/2015										
10/12/2015										
11/12/2015										
12/12/2015										
13/12/2015										
14/12/2015										
15/12/2015										
16/12/2015										
17/12/2015										
18/12/2015										
19/12/2015										
20/12/2015										
21/12/2015										
22/12/2015										
23/12/2015										
24/12/2015										
25/12/2015										
26/12/2015										
27/12/2015										
28/12/2015										
29/12/2015										
30/12/2015										
31/12/2015										
01/01/2016										

	SESTILI GIOVE									SESTILI SATURNO					
	ST	S	UR	S	NT	S	PL	S		UR	S	NT	S	PL	S
01/01/2015															
02/01/2015															
03/01/2015															
04/01/2015															
05/01/2015															
06/01/2015															
07/01/2015															
08/01/2015															
09/01/2015															
10/01/2015															
11/01/2015															
12/01/2015															
13/01/2015															
14/01/2015															
15/01/2015															
16/01/2015															
17/01/2015															
18/01/2015															
19/01/2015															
20/01/2015															
21/01/2015															
22/01/2015															
23/01/2015															
24/01/2015															
25/01/2015															
26/01/2015															
27/01/2015															
28/01/2015															
29/01/2015															
30/01/2015															
31/01/2015															
01/02/2015															
02/02/2015															
03/02/2015															
04/02/2015															
05/02/2015															
06/02/2015															
07/02/2015															
08/02/2015															
09/02/2015															
10/02/2015															
11/02/2015															
12/02/2015															
13/02/2015															
14/02/2015															
15/02/2015															
16/02/2015															
17/02/2015															
18/02/2015															
19/02/2015															
20/02/2015															
21/02/2015															
22/02/2015															
23/02/2015															
24/02/2015															
25/02/2015															
26/02/2015															
27/02/2015															
28/02/2015															
01/03/2015															
02/03/2015															
03/03/2015															
04/03/2015															
05/03/2015															
06/03/2015															
07/03/2015															
08/03/2015															

	SESTILI GIOVE								SESTILI SATURNO				
	ST	S	UR	S	NT	S	PL	S	UR	S	NT	S	PL	S
09/03/2015														
10/03/2015														
11/03/2015														
12/03/2015														
13/03/2015														
14/03/2015														
15/03/2015														
16/03/2015														
17/03/2015														
18/03/2015														
19/03/2015														
20/03/2015														
21/03/2015														
22/03/2015														
23/03/2015														
24/03/2015														
25/03/2015														
26/03/2015														
27/03/2015														
28/03/2015														
29/03/2015														
30/03/2015														
31/03/2015														
01/04/2015														
02/04/2015														
03/04/2015														
04/04/2015														
05/04/2015														
06/04/2015														
07/04/2015														
08/04/2015														
09/04/2015														
10/04/2015														
11/04/2015														
12/04/2015														
13/04/2015														
14/04/2015														
15/04/2015														
16/04/2015														
17/04/2015														
18/04/2015														
19/04/2015														
20/04/2015														
21/04/2015														
22/04/2015														
23/04/2015														
24/04/2015														
25/04/2015														
26/04/2015														
27/04/2015														
28/04/2015														
29/04/2015														
30/04/2015														
01/05/2015														
02/05/2015														
03/05/2015														
04/05/2015														
05/05/2015														
06/05/2015														
07/05/2015														
08/05/2015														
09/05/2015														
10/05/2015														
11/05/2015														
12/05/2015														
13/05/2015														
14/05/2015														

SESTILI GIOVE

	ST	S	UR	S	NT	S	PL	S
15/05/2015								
16/05/2015								
17/05/2015								
18/05/2015								
19/05/2015								
20/05/2015								
21/05/2015								
22/05/2015								
23/05/2015								
24/05/2015								
25/05/2015								
26/05/2015								
27/05/2015								
28/05/2015								
29/05/2015								
30/05/2015								
31/05/2015								
01/06/2015								
02/06/2015								
03/06/2015								
04/06/2015								
05/06/2015								
06/06/2015								
07/06/2015								
08/06/2015								
09/06/2015								
10/06/2015								
11/06/2015								
12/06/2015								
13/06/2015								
14/06/2015								
15/06/2015								
16/06/2015								
17/06/2015								
18/06/2015								
19/06/2015								
20/06/2015								
21/06/2015								
22/06/2015								
23/06/2015								
24/06/2015								
25/06/2015								
26/06/2015								
27/06/2015								
28/06/2015								
29/06/2015								
30/06/2015								
01/07/2015								
02/07/2015								
03/07/2015								
04/07/2015								
05/07/2015								
06/07/2015								
07/07/2015								
08/07/2015								
09/07/2015								
10/07/2015								
11/07/2015								
12/07/2015								
13/07/2015								
14/07/2015								
15/07/2015								
16/07/2015								
17/07/2015								
18/07/2015								
19/07/2015								
20/07/2015								

SESTILI SATURNO

UR	S	NT	S	PL	S

SESTILI GIOVE

Data	ST	S	UR	S	NT	S	PL	S
21/07/2015								
22/07/2015								
23/07/2015								
24/07/2015								
25/07/2015								
26/07/2015								
27/07/2015								
28/07/2015								
29/07/2015								
30/07/2015								
31/07/2015								
01/08/2015								
02/08/2015								
03/08/2015								
04/08/2015								
05/08/2015								
06/08/2015								
07/08/2015								
08/08/2015								
09/08/2015								
10/08/2015								
11/08/2015								
12/08/2015								
13/08/2015								
14/08/2015								
15/08/2015								
16/08/2015								
17/08/2015								
18/08/2015								
19/08/2015								
20/08/2015								
21/08/2015								
22/08/2015								
23/08/2015								
24/08/2015								
25/08/2015								
26/08/2015								
27/08/2015								
28/08/2015								
29/08/2015								
30/08/2015								
31/08/2015								
01/09/2015								
02/09/2015								
03/09/2015								
04/09/2015								
05/09/2015								
06/09/2015								
07/09/2015								
08/09/2015								
09/09/2015								
10/09/2015								
11/09/2015								
12/09/2015								
13/09/2015								
14/09/2015								
15/09/2015								
16/09/2015								
17/09/2015								
18/09/2015								
19/09/2015								
20/09/2015								
21/09/2015								
22/09/2015								
23/09/2015								
24/09/2015								
25/09/2015								

SESTILI SATURNO

UR	S	NT	S	PL	S

	SESTILI GIOVE								SESTILI SATURNO					
	ST	S	UR	S	NT	S	PL	S	UR	S	NT	S	PL	S
26/09/2015														
27/09/2015														
28/09/2015														
29/09/2015														
30/09/2015														
01/10/2015														
02/10/2015														
03/10/2015														
04/10/2015														
05/10/2015														
06/10/2015														
07/10/2015														
08/10/2015														
09/10/2015														
10/10/2015														
11/10/2015														
12/10/2015														
13/10/2015														
14/10/2015														
15/10/2015														
16/10/2015														
17/10/2015														
18/10/2015														
19/10/2015														
20/10/2015														
21/10/2015														
22/10/2015														
23/10/2015														
24/10/2015														
25/10/2015														
26/10/2015														
27/10/2015														
28/10/2015														
29/10/2015														
30/10/2015														
31/10/2015														
01/11/2015														
02/11/2015														
03/11/2015														
04/11/2015														
05/11/2015														
06/11/2015														
07/11/2015														
08/11/2015														
09/11/2015														
10/11/2015														
11/11/2015														
12/11/2015														
13/11/2015														
14/11/2015														
15/11/2015														
16/11/2015														
17/11/2015														
18/11/2015														
19/11/2015														
20/11/2015														
21/11/2015														
22/11/2015														
23/11/2015														
24/11/2015														
25/11/2015														
26/11/2015														
27/11/2015														
28/11/2015														
29/11/2015														
30/11/2015														
01/12/2015														

SESTILI GIOVE

Data	ST	S	UR	S	NT	S	PL	S
02/12/2015								
03/12/2015								
04/12/2015								
05/12/2015								
06/12/2015								
07/12/2015								
08/12/2015								
09/12/2015								
10/12/2015								
11/12/2015								
12/12/2015								
13/12/2015								
14/12/2015								
15/12/2015								
16/12/2015								
17/12/2015								
18/12/2015								
19/12/2015								
20/12/2015								
21/12/2015								
22/12/2015								
23/12/2015								
24/12/2015								
25/12/2015								
26/12/2015								
27/12/2015								
28/12/2015								
29/12/2015								
30/12/2015								
31/12/2015								
01/01/2016								

SESTILI SATURNO

UR	S	NT	S	PL	S

Data	SESTILI URANO				SESTILI NETTUNO	
	NT	S	PL	S	PL	S
01/01/2015						
02/01/2015						
03/01/2015						
04/01/2015						
05/01/2015						
06/01/2015						
07/01/2015						
08/01/2015						
09/01/2015						
10/01/2015						
11/01/2015						
12/01/2015						
13/01/2015						
14/01/2015						
15/01/2015						
16/01/2015						
17/01/2015						
18/01/2015						
19/01/2015						
20/01/2015						
21/01/2015						
22/01/2015						
23/01/2015						
24/01/2015						
25/01/2015						
26/01/2015						
27/01/2015						
28/01/2015						
29/01/2015						
30/01/2015						
31/01/2015						
01/02/2015						
02/02/2015						
03/02/2015						
04/02/2015						
05/02/2015						
06/02/2015						
07/02/2015						
08/02/2015						
09/02/2015						
10/02/2015						
11/02/2015						
12/02/2015						
13/02/2015						
14/02/2015						
15/02/2015						
16/02/2015						
17/02/2015						
18/02/2015						
19/02/2015						
20/02/2015						
21/02/2015						
22/02/2015						
23/02/2015						
24/02/2015						
25/02/2015						
26/02/2015						
27/02/2015						
28/02/2015						
01/03/2015						
02/03/2015						
03/03/2015						
04/03/2015						
05/03/2015						
06/03/2015						
07/03/2015						
08/03/2015						

Data	SESTILI URANO					SESTILI NETTUNO	
	NT	S	PL	S		PL	S
09/03/2015							
10/03/2015							
11/03/2015							
12/03/2015							
13/03/2015							
14/03/2015							
15/03/2015							
16/03/2015							
17/03/2015							
18/03/2015							
19/03/2015							
20/03/2015							
21/03/2015							
22/03/2015							
23/03/2015							
24/03/2015							
25/03/2015							
26/03/2015							
27/03/2015							
28/03/2015							
29/03/2015							
30/03/2015							
31/03/2015							
01/04/2015							
02/04/2015							
03/04/2015							
04/04/2015							
05/04/2015							
06/04/2015							
07/04/2015							
08/04/2015							
09/04/2015							
10/04/2015							
11/04/2015							
12/04/2015							
13/04/2015							
14/04/2015							
15/04/2015							
16/04/2015							
17/04/2015							
18/04/2015							
19/04/2015							
20/04/2015							
21/04/2015							
22/04/2015							
23/04/2015							
24/04/2015							
25/04/2015							
26/04/2015							
27/04/2015							
28/04/2015							
29/04/2015							
30/04/2015							
01/05/2015							
02/05/2015							
03/05/2015							
04/05/2015							
05/05/2015							
06/05/2015							
07/05/2015							
08/05/2015							
09/05/2015							
10/05/2015							
11/05/2015							
12/05/2015							
13/05/2015							
14/05/2015							

	SESTILI URANO				SESTILI NETTUNO	
	NT	S	PL	S	PL	S
15/05/2015						
16/05/2015						
17/05/2015						
18/05/2015						
19/05/2015						
20/05/2015						
21/05/2015						
22/05/2015						
23/05/2015						
24/05/2015						
25/05/2015						
26/05/2015						
27/05/2015						
28/05/2015						
29/05/2015						
30/05/2015						
31/05/2015						
01/06/2015						
02/06/2015						
03/06/2015						
04/06/2015						
05/06/2015						
06/06/2015						
07/06/2015						
08/06/2015						
09/06/2015						
10/06/2015						
11/06/2015						
12/06/2015						
13/06/2015						
14/06/2015					5,0	♓♑
15/06/2015					5,0	♓♑
16/06/2015					4,9	♓♑
17/06/2015					4,9	♓♑
18/06/2015					4,9	♓♑
19/06/2015					4,9	♓♑
20/06/2015					4,9	♓♑
21/06/2015					4,8	♓♑
22/06/2015					4,8	♓♑
23/06/2015					4,8	♓♑
24/06/2015					4,8	♓♑
25/06/2015					4,8	♓♑
26/06/2015					4,8	♓♑
27/06/2015					4,7	♓♑
28/06/2015					4,7	♓♑
29/06/2015					4,7	♓♑
30/06/2015					4,7	♓♑
01/07/2015					4,7	♓♑
02/07/2015					4,7	♓♑
03/07/2015					4,6	♓♑
04/07/2015					4,6	♓♑
05/07/2015					4,6	♓♑
06/07/2015					4,6	♓♑
07/07/2015					4,6	♓♑
08/07/2015					4,6	♓♑
09/07/2015					4,6	♓♑
10/07/2015					4,6	♓♑
11/07/2015					4,6	♓♑
12/07/2015					4,5	♓♑
13/07/2015					4,5	♓♑
14/07/2015					4,5	♓♑
15/07/2015					4,5	♓♑
16/07/2015					4,5	♓♑
17/07/2015					4,5	♓♑
18/07/2015					4,5	♓♑
19/07/2015					4,5	♓♑
20/07/2015					4,5	♓♑

	SESTILI URANO				SESTILI NETTUNO	
	NT	S	PL	S	PL	S
21/07/2015					4,5	♓♑
22/07/2015					4,5	♓♑
23/07/2015					4,5	♓♑
24/07/2015					4,5	♓♑
25/07/2015					4,5	♓♑
26/07/2015					4,5	♓♑
27/07/2015					4,5	♓♑
28/07/2015					4,4	♓♑
29/07/2015					4,4	♓♑
30/07/2015					4,4	♓♑
31/07/2015					4,4	♓♑
01/08/2015					4,4	♓♑
02/08/2015					4,4	♓♑
03/08/2015					4,4	♓♑
04/08/2015					4,5	♓♑
05/08/2015					4,5	♓♑
06/08/2015					4,5	♓♑
07/08/2015					4,5	♓♑
08/08/2015					4,5	♓♑
09/08/2015					4,5	♓♑
10/08/2015					4,5	♓♑
11/08/2015					4,5	♓♑
12/08/2015					4,5	♓♑
13/08/2015					4,5	♓♑
14/08/2015					4,5	♓♑
15/08/2015					4,5	♓♑
16/08/2015					4,5	♓♑
17/08/2015					4,5	♓♑
18/08/2015					4,5	♓♑
19/08/2015					4,5	♓♑
20/08/2015					4,6	♓♑
21/08/2015					4,6	♓♑
22/08/2015					4,6	♓♑
23/08/2015					4,6	♓♑
24/08/2015					4,6	♓♑
25/08/2015					4,6	♓♑
26/08/2015					4,6	♓♑
27/08/2015					4,6	♓♑
28/08/2015					4,6	♓♑
29/08/2015					4,7	♓♑
30/08/2015					4,7	♓♑
31/08/2015					4,7	♓♑
01/09/2015					4,7	♓♑
02/09/2015					4,7	♓♑
03/09/2015					4,7	♓♑
04/09/2015					4,8	♓♑
05/09/2015					4,8	♓♑
06/09/2015					4,8	♓♑
07/09/2015					4,8	♓♑
08/09/2015					4,8	♓♑
09/09/2015					4,8	♓♑
10/09/2015					4,9	♓♑
11/09/2015					4,9	♓♑
12/09/2015					4,9	♓♑
13/09/2015					4,9	♓♑
14/09/2015					5,0	♓♑
15/09/2015					5,0	♓♑
16/09/2015					5,0	♓♑
17/09/2015						
18/09/2015						
19/09/2015						
20/09/2015						
21/09/2015						
22/09/2015						
23/09/2015						
24/09/2015						
25/09/2015						

Date	SESTILI URANO				SESTILI NETTUNO	
	NT	S	PL	S	PL	S
26/09/2015						
27/09/2015						
28/09/2015						
29/09/2015						
30/09/2015						
01/10/2015						
02/10/2015						
03/10/2015						
04/10/2015						
05/10/2015						
06/10/2015						
07/10/2015						
08/10/2015						
09/10/2015						
10/10/2015						
11/10/2015						
12/10/2015						
13/10/2015						
14/10/2015						
15/10/2015						
16/10/2015						
17/10/2015						
18/10/2015						
19/10/2015						
20/10/2015						
21/10/2015						
22/10/2015						
23/10/2015						
24/10/2015						
25/10/2015						
26/10/2015						
27/10/2015						
28/10/2015						
29/10/2015						
30/10/2015						
31/10/2015						
01/11/2015						
02/11/2015						
03/11/2015						
04/11/2015						
05/11/2015						
06/11/2015						
07/11/2015						
08/11/2015						
09/11/2015						
10/11/2015						
11/11/2015						
12/11/2015						
13/11/2015						
14/11/2015						
15/11/2015						
16/11/2015						
17/11/2015						
18/11/2015						
19/11/2015						
20/11/2015						
21/11/2015						
22/11/2015						
23/11/2015						
24/11/2015						
25/11/2015						
26/11/2015						
27/11/2015						
28/11/2015						
29/11/2015						
30/11/2015						
01/12/2015						

	SESTILI URANO				SESTILI NETTUNO	
	NT	S	PL	S	PL	S
02/12/2015						
03/12/2015						
04/12/2015						
05/12/2015						
06/12/2015						
07/12/2015						
08/12/2015						
09/12/2015						
10/12/2015						
11/12/2015						
12/12/2015						
13/12/2015						
14/12/2015						
15/12/2015						
16/12/2015						
17/12/2015						
18/12/2015						
19/12/2015						
20/12/2015						
21/12/2015						
22/12/2015						
23/12/2015						
24/12/2015						
25/12/2015						
26/12/2015						
27/12/2015						
28/12/2015						
29/12/2015						
30/12/2015						
31/12/2015						
01/01/2016						

TRIGONI SOLE

	LN	S	MT	S	GV	S	ST	S	UR	S	NT	S	PL	S
01/01/2015														
02/01/2015														
03/01/2015														
04/01/2015														
05/01/2015														
06/01/2015														
07/01/2015														
08/01/2015														
09/01/2015														
10/01/2015	7,1	♑♍												
11/01/2015	3,7	♑♍												
12/01/2015														
13/01/2015														
14/01/2015														
15/01/2015														
16/01/2015														
17/01/2015														
18/01/2015														
19/01/2015														
20/01/2015														
21/01/2015														
22/01/2015														
23/01/2015														
24/01/2015														
25/01/2015														
26/01/2015														
27/01/2015														
28/01/2015														
29/01/2015	8,0	♒♊												
30/01/2015	3,9	♒♊												
31/01/2015														
01/02/2015														
02/02/2015														
03/02/2015														
04/02/2015														
05/02/2015														
06/02/2015														
07/02/2015														
08/02/2015														
09/02/2015	5,4	♒♎												
10/02/2015	5,5	♒♎												
11/02/2015														
12/02/2015														
13/02/2015														
14/02/2015														
15/02/2015														
16/02/2015														
17/02/2015														
18/02/2015														
19/02/2015														
20/02/2015														
21/02/2015														
22/02/2015														
23/02/2015														
24/02/2015														
25/02/2015														
26/02/2015														
27/02/2015														
28/02/2015	3,3	♓♋												
01/03/2015	8,0	♓♋												
02/03/2015														
03/03/2015														
04/03/2015														
05/03/2015														
06/03/2015														
07/03/2015														
08/03/2015														

TRIGONI SOLE

	LN	S	MT	S	GV	S	ST	S	UR	S	NT	S	PL	S
09/03/2015														
10/03/2015														
11/03/2015	2,3	♓♏												
12/03/2015	9,2	♓♐												
13/03/2015														
14/03/2015														
15/03/2015														
16/03/2015														
17/03/2015														
18/03/2015														
19/03/2015														
20/03/2015														
21/03/2015							4,8	♈♐						
22/03/2015							3,8	♈♐						
23/03/2015							2,8	♈♐						
24/03/2015							1,8	♈♐						
25/03/2015							0,8	♈♐						
26/03/2015							0,2	♈♐						
27/03/2015							1,2	♈♐						
28/03/2015							2,2	♈♐						
29/03/2015					4,8	♈♌	3,2	♈♐						
30/03/2015	0,2	♈♌			3,8	♈♌	4,2	♈♐						
31/03/2015					2,7	♈♌								
01/04/2015					1,7	♈♌								
02/04/2015					0,7	♈♌								
03/04/2015					0,3	♈♌								
04/04/2015					1,3	♈♌								
05/04/2015					2,3	♈♌								
06/04/2015					3,3	♈♌								
07/04/2015					4,3	♈♌								
08/04/2015														
09/04/2015	8,8	♈♐												
10/04/2015	3,2	♈♐												
11/04/2015														
12/04/2015														
13/04/2015														
14/04/2015														
15/04/2015														
16/04/2015														
17/04/2015														
18/04/2015														
19/04/2015														
20/04/2015														
21/04/2015														
22/04/2015														
23/04/2015														
24/04/2015														
25/04/2015														
26/04/2015														
27/04/2015														
28/04/2015	8,0	♉♌												
29/04/2015	2,9	♉♍												
30/04/2015														
01/05/2015														
02/05/2015														4,2	♉♎
03/05/2015														3,2	♉♎
04/05/2015														2,2	♉♎
05/05/2015														1,3	♉♎
06/05/2015														0,3	♉♎
07/05/2015														0,7	♉♎
08/05/2015														1,7	♉♎
09/05/2015	1,4	♉♑												2,6	♉♎
10/05/2015														3,6	♉♎
11/05/2015														4,6	♉♎
12/05/2015															
13/05/2015															
14/05/2015															

TRIGONI SOLE

	LN	S	MT	S	GV	S	ST	S	UR	S	NT	S	PL	S
15/05/2015														
16/05/2015														
17/05/2015														
18/05/2015														
19/05/2015														
20/05/2015														
21/05/2015														
22/05/2015														
23/05/2015														
24/05/2015														
25/05/2015														
26/05/2015														
27/05/2015														
28/05/2015	5,2	♊︎♎︎												
29/05/2015	5,7	♊︎♎︎												
30/05/2015														
31/05/2015														
01/06/2015														
02/06/2015														
03/06/2015														
04/06/2015														
05/06/2015														
06/06/2015														
07/06/2015	4,9	♊︎♒︎												
08/06/2015	8,2	♊︎♒︎												
09/06/2015														
10/06/2015														
11/06/2015														
12/06/2015														
13/06/2015														
14/06/2015														
15/06/2015														
16/06/2015														
17/06/2015														
18/06/2015														
19/06/2015														
20/06/2015														
21/06/2015														
22/06/2015														
23/06/2015														
24/06/2015														
25/06/2015														
26/06/2015														
27/06/2015	2,0	♋︎♏︎									4,7	♋︎♓︎		
28/06/2015	9,5	♋︎♏︎									3,7	♋︎♓︎		
29/06/2015											2,8	♋︎♓︎		
30/06/2015											1,8	♋︎♓︎		
01/07/2015											0,9	♋︎♓︎		
02/07/2015											0,1	♋︎♓︎		
03/07/2015											1,1	♋︎♓︎		
04/07/2015											2,0	♋︎♓︎		
05/07/2015											3,0	♋︎♓︎		
06/07/2015	7,9	♋︎♓︎									4,0	♋︎♓︎		
07/07/2015	5,5	♋︎♓︎									4,9	♋︎♓︎		
08/07/2015														
09/07/2015														
10/07/2015														
11/07/2015														
12/07/2015														
13/07/2015														
14/07/2015														
15/07/2015														
16/07/2015														
17/07/2015								4,4	♋︎♏︎					
18/07/2015								3,4	♋︎♏︎					
19/07/2015								2,4	♋︎♏︎					
20/07/2015								1,4	♋︎♏︎					

TRIGONI SOLE

Data	LN	S	MT	S	GV	S	ST	S	UR	S	NT	S	PL	S
21/07/2015							0,5	♋♏						
22/07/2015							0,5	♋♏						
23/07/2015							1,5	♋♏						
24/07/2015							2,5	♌♏						
25/07/2015							3,4	♌♏						
26/07/2015	9,3	♌♏					4,4	♌♏						
27/07/2015	2,5	♌♐												
28/07/2015														
29/07/2015														
30/07/2015														
31/07/2015														
01/08/2015														
02/08/2015														
03/08/2015														
04/08/2015														
05/08/2015	2,6	♌♈												
06/08/2015														
07/08/2015														
08/08/2015														
09/08/2015											4,3	♌♈		
10/08/2015											3,3	♌♈		
11/08/2015											2,4	♌♈		
12/08/2015											1,4	♌♈		
13/08/2015											0,4	♌♈		
14/08/2015											0,5	♌♈		
15/08/2015											1,5	♌♈		
16/08/2015											2,5	♌♈		
17/08/2015											3,5	♌♈		
18/08/2015											4,5	♌♈		
19/08/2015														
20/08/2015														
21/08/2015														
22/08/2015														
23/08/2015														
24/08/2015														
25/08/2015	3,9	♍♐												
26/08/2015	8,7	♍♑												
27/08/2015														
28/08/2015														
29/08/2015														
30/08/2015														
31/08/2015														
01/09/2015													4,9	♍♎
02/09/2015													3,9	♍♎
03/09/2015	1,2	♍♉											2,9	♍♎
04/09/2015													1,9	♍♎
05/09/2015													0,9	♍♎
06/09/2015													0,0	♍♎
07/09/2015													1,0	♍♎
08/09/2015													2,0	♍♎
09/09/2015													3,0	♍♎
10/09/2015													3,9	♍♎
11/09/2015													4,9	♍♎
12/09/2015														
13/09/2015														
14/09/2015														
15/09/2015														
16/09/2015														
17/09/2015														
18/09/2015														
19/09/2015														
20/09/2015														
21/09/2015														
22/09/2015														
23/09/2015	9,9	♍♑												
24/09/2015	3,0	♎♒												
25/09/2015														

TRIGONI SOLE

	LN	S	MT	S	GV	S	ST	S	UR	S	NT	S·	PL	S
26/09/2015														
27/09/2015														
28/09/2015														
29/09/2015														
30/09/2015														
01/10/2015														
02/10/2015	6,1	♎Ⅱ												
03/10/2015	6,8	♎Ⅱ												
04/10/2015														
05/10/2015														
06/10/2015														
07/10/2015														
08/10/2015														
09/10/2015														
10/10/2015														
11/10/2015														
12/10/2015														
13/10/2015														
14/10/2015														
15/10/2015														
16/10/2015														
17/10/2015														
18/10/2015														
19/10/2015														
20/10/2015														
21/10/2015														
22/10/2015														
23/10/2015	2,4	♎♒												
24/10/2015														
25/10/2015														
26/10/2015											4,9	♏♓		
27/10/2015											3,9	♏♓		
28/10/2015											2,9	♏♓		
29/10/2015											1,9	♏♓		
30/10/2015											0,9	♏♓		
31/10/2015											0,1	♏♓		
01/11/2015	0,1	♏♋									1,1	♏♓		
02/11/2015											2,1	♏♓		
03/11/2015											3,1	♏♓		
04/11/2015											4,2	♏♓		
05/11/2015														
06/11/2015														
07/11/2015														
08/11/2015														
09/11/2015														
10/11/2015														
11/11/2015														
12/11/2015														
13/11/2015														
14/11/2015														
15/11/2015														
16/11/2015														
17/11/2015														
18/11/2015														
19/11/2015														
20/11/2015														
21/11/2015	7,4	♏♓												
22/11/2015	6,0	♏♈												
23/11/2015														
24/11/2015														
25/11/2015														
26/11/2015														
27/11/2015														
28/11/2015														
29/11/2015														
30/11/2015	7,9	♐♋												
01/12/2015	3,9	♐♌												

TRIGONI SOLE

Data	LN	S	MT	S	GV	S	ST	S	UR	S	NT	S	PL	S
02/12/2015														
03/12/2015														
04/12/2015														
05/12/2015									4,2	♐♈				
06/12/2015									3,2	♐♈				
07/12/2015									2,2	♐♈				
08/12/2015									1,1	♐♈				
09/12/2015									0,1	♐♈				
10/12/2015									0,9	♐♈				
11/12/2015									1,9	♐♈				
12/12/2015									3,0	♐♈				
13/12/2015									4,0	♐♈				
14/12/2015														
15/12/2015														
16/12/2015														
17/12/2015														
18/12/2015														
19/12/2015														
20/12/2015														
21/12/2015	1,1	♐♈												
22/12/2015														
23/12/2015														
24/12/2015														
25/12/2015														
26/12/2015														
27/12/2015														
28/12/2015														
29/12/2015														
30/12/2015	5,4	♑♍												
31/12/2015	5,8	♑♍												
01/01/2016														

TRIGONI LUNA

Date	MC	S	VE	S	MT	S	GV	S	ST	S	UR	S	NT	S	PL	S
01/01/2015	3,0	♉♑	6,1	♉♑											7,5	♉♑
02/01/2015	8,5	♊♑	5,8	♊♑												
03/01/2015					6,0	♊♒										
04/01/2015					6,0	♊♒							6,1	♊♓		
05/01/2015													6,5	♋♓		
06/01/2015									7,0	♋♐						
07/01/2015									5,1	♌♐	6,1	♌♈				
08/01/2015											5,9	♌♈				
09/01/2015																
10/01/2015															1,1	♍♑
11/01/2015																
12/01/2015	4,0	♎♒	4,5	♎♒												
13/01/2015	6,8	♎♒	6,2	♎♒												
14/01/2015					1,1	♏♓							5,6	♏♓		
15/01/2015													6,9	♏♓		
16/01/2015																
17/01/2015											3,9	♐♈				
18/01/2015							2,7	♐♌			10,0	♐♈				
19/01/2015																
20/01/2015																
21/01/2015																
22/01/2015																
23/01/2015																
24/01/2015																
25/01/2015									3,3	♈♐						
26/01/2015							1,3	♈♌								
27/01/2015															9,9	♉♑
28/01/2015															3,5	♉♑
29/01/2015																
30/01/2015	2,6	♊♒														
31/01/2015			7,9	♊♓												
01/02/2015			3,3	♋♓	6,6	♋♓							2,4	♋♓		
02/02/2015					5,0	♋♓										
03/02/2015									0,4	♌♐						
04/02/2015											1,8	♌♈				
05/02/2015																
06/02/2015															5,4	♍♑
07/02/2015															6,4	♍♑
08/02/2015	0,4	♎♒														
09/02/2015																
10/02/2015																
11/02/2015			9,2	♏♓									1,9	♏♓		
12/02/2015			2,0	♏♓	2,7	♏♓										
13/02/2015					9,3	♐♓					9,8	♐♈				
14/02/2015							0,5	♐♌			3,4	♐♈				
15/02/2015																
16/02/2015																
17/02/2015																
18/02/2015																
19/02/2015																
20/02/2015																
21/02/2015									4,0	♈♐						
22/02/2015							0,4	♈♌								
23/02/2015																
24/02/2015															1,2	♉♑
25/02/2015																
26/02/2015	0,1	♊♒														
27/02/2015																
28/02/2015													1,5	♋♓		
01/03/2015																
02/03/2015					7,4	♌♈			4,6	♌♐						
03/03/2015			0,3	♌♈	3,8	♌♈			7,4	♌♐	2,4	♌♈				
04/03/2015											9,5	♌♈				
05/03/2015															9,1	♍♑
06/03/2015															2,6	♍♑
07/03/2015																
08/03/2015																

TRIGONI LUNA

Data	MC	S	VE	S	MT	S	GV	S	ST	S	UR	S	NT	S	PL	S
09/03/2015	0,6	♎♒														
10/03/2015													2,2	♏♓		
11/03/2015													10,0	♏♓		
12/03/2015																
13/03/2015					2,9	♐♈	0,6	♐♌			2,0	♐♈				
14/03/2015			0,4	♐♈	9,5	♐♈										
15/03/2015																
16/03/2015																
17/03/2015																
18/03/2015																
19/03/2015																
20/03/2015																
21/03/2015							4,6	♈♌	3,6	♈♐						
22/03/2015																
23/03/2015															7,3	♉♑
24/03/2015															6,9	♉♑
25/03/2015																
26/03/2015																
27/03/2015													6,1	♋♓		
28/03/2015	9,6	♋♓											6,4	♋♓		
29/03/2015	0,9	♋♓							7,7	♋♐						
30/03/2015									4,4	♌♐	6,9	♌♈				
31/03/2015					8,5	♌♈					4,9	♌♈				
01/04/2015					2,6	♍♉										
02/04/2015			4,0	♍♉											0,8	♍♑
03/04/2015			6,7	♍♉												
04/04/2015																
05/04/2015																
06/04/2015													6,2	♏♓		
07/04/2015													6,1	♏♓		
08/04/2015																
09/04/2015	7,5	♐♈					2,6	♐♌			6,6	♐♈				
10/04/2015	3,4	♐♈									6,3	♐♈				
11/04/2015					1,4	♑♉										
12/04/2015																
13/04/2015			2,1	♒♊												
14/04/2015																
15/04/2015																
16/04/2015																
17/04/2015									2,2	♈♐						
18/04/2015							4,0	♈♌								
19/04/2015																
20/04/2015															0,5	♉♑
21/04/2015																
22/04/2015																
23/04/2015																
24/04/2015													1,4	♋♓		
25/04/2015																
26/04/2015									2,0	♌♐						
27/04/2015											0,1	♌♈				
28/04/2015																
29/04/2015					9,4	♍♉									4,3	♍♑
30/04/2015	5,4	♍♉			1,7	♍♉									7,6	♍♑
01/05/2015	5,1	♎♉														
02/05/2015			6,4	♎♊												
03/05/2015			4,6	♎♊												
04/05/2015													2,0	♏♓		
05/05/2015																
06/05/2015							6,9	♐♌								
07/05/2015							6,1	♐♌			1,8	♐♈				
08/05/2015																
09/05/2015																
10/05/2015	9,4	♒♊			1,9	♒♉										
11/05/2015	3,8	♒♊														
12/05/2015			6,1	♒♋												
13/05/2015			7,0	♓♋												
14/05/2015									5,4	♓♐						

TRIGONI LUNA

Data	MC	S	VE	S	MT	S	GV	S	ST	S	UR	S	NT	S	PL	S
15/05/2015							3,2	♈♌	9,1	♈♐						
16/05/2015																
17/05/2015															5,2	♉♑
18/05/2015															9,1	♉♑
19/05/2015																
20/05/2015																
21/05/2015													4,1	♋♓		
22/05/2015													8,9	♋♓		
23/05/2015									0,4	♌♐						
24/05/2015											5,5	♌♈				
25/05/2015											6,6	♌♈				
26/05/2015															7,7	♍♑
27/05/2015															4,1	♍♑
28/05/2015	9,3	♎♊														
29/05/2015	3,1	♎♊			1,2	♎♊										
30/05/2015																
31/05/2015													2,3	♏♓		
01/06/2015			5,4	♏♋												
02/06/2015			6,5	♐♋												
03/06/2015							0,8	♐♌			3,3	♐♈				
04/06/2015																
05/06/2015																
06/06/2015	8,7	♑♊														
07/06/2015	5,6	♒♊			7,0	♒♊										
08/06/2015					6,4	♒♊										
09/06/2015																
10/06/2015									6,9	♓♐						
11/06/2015			2,5	♈♌					7,3	♈♐						
12/06/2015							3,4	♈♌								
13/06/2015															9,1	♉♑
14/06/2015															4,9	♉♑
15/06/2015																
16/06/2015																
17/06/2015													9,2	♋♓		
18/06/2015													4,0	♋♓		
19/06/2015									3,1	♋♏						
20/06/2015									9,5	♌♏						
21/06/2015											1,5	♌♈				
22/06/2015																
23/06/2015															0,8	♍♑
24/06/2015																
25/06/2015	1,9	♎♊														
26/06/2015	9,1	♎♊														
27/06/2015					1,4	♏♋							6,7	♏♓		
28/06/2015													5,7	♏♓		
29/06/2015																
30/06/2015			9,4	♐♌							8,9	♐♈				
01/07/2015			3,3	♐♌			3,2	♐♌			4,5	♐♈				
02/07/2015																
03/07/2015																
04/07/2015																
05/07/2015	2,3	♒♊														
06/07/2015					1,9	♓♋										
07/07/2015									8,7	♓♏						
08/07/2015									5,6	♈♏						
09/07/2015			7,7	♈♌			4,6	♈♌								
10/07/2015			5,7	♉♌			9,1	♉♌								
11/07/2015															2,1	♉♑
12/07/2015																
13/07/2015																
14/07/2015																
15/07/2015													0,1	♋♓		
16/07/2015									6,0	♋♏						
17/07/2015									6,6	♌♏						
18/07/2015											3,0	♌♈				
19/07/2015											9,1	♌♈				
20/07/2015															2,4	♍♑

144

TRIGONI LUNA

Date	MC	S	VE	S	MT	S	GV	S	ST	S	UR	S	NT	S	PL	S
21/07/2015															9,5	♍♑
22/07/2015																
23/07/2015																
24/07/2015																
25/07/2015						9,2	♏♋						1,7	♏♓		
26/07/2015						2,6	♏♋									
27/07/2015	1,1	♐♌														
28/07/2015								7,5	♐♌		1,1	♐♈				
29/07/2015			2,5	♑♍				5,9	♑♌							
30/07/2015																
31/07/2015																
01/08/2015																
02/08/2015																
03/08/2015																
04/08/2015						3,6	♈♋			2,1	♈♏					
05/08/2015																
06/08/2015	2,4	♈♌	1,0	♈♌				0,3	♈♌							
07/08/2015															0,4	♉♑
08/08/2015																
09/08/2015																
10/08/2015																
11/08/2015														2,6	♋♓		
12/08/2015										9,3	♋♏						
13/08/2015										3,2	♌♏						
14/08/2015												6,4	♌♈				
15/08/2015												5,8	♌♈				
16/08/2015																5,3	♍♑
17/08/2015																6,6	♍♑
18/08/2015																	
19/08/2015																	
20/08/2015																	
21/08/2015														1,4	♏♓		
22/08/2015																	
23/08/2015						7,3	♐♌										
24/08/2015			3,5	♐♌	4,8	♐♌						5,7	♐♈				
25/08/2015								5,4	♐♍				7,4	♐♈			
26/08/2015								8,0	♑♍								
27/08/2015	4,0	♑♍															
28/08/2015	9,2	♒♎															
29/08/2015																	
30/08/2015																	
31/08/2015										4,3	♓♏						
01/09/2015			5,3	♈♌	5,1	♈♌											
02/09/2015			9,7	♈♌	9,1	♈♌											
03/09/2015							4,1	♉♍								4,1	♉♑
04/09/2015																	
05/09/2015	2,2	♊♎															
06/09/2015																	
07/09/2015														4,8	♋♓		
08/09/2015														8,0	♋♓		
09/09/2015										0,8	♋♏						
10/09/2015												8,8	♌♈				
11/09/2015												3,4	♌♈				
12/09/2015																8,0	♍♑
13/09/2015																3,9	♍♑
14/09/2015																	
15/09/2015																	
16/09/2015																	
17/09/2015														3,9	♏♓		
18/09/2015														8,1	♏♓		
19/09/2015																	
20/09/2015			7,1	♐♌								8,8	♐♈				
21/09/2015			5,1	♐♌	4,2	♐♌						3,9	♐♈				
22/09/2015					8,2	♑♌	2,7	♑♍									
23/09/2015																	
24/09/2015																	
25/09/2015	5,0	♒♎															

TRIGONI LUNA

Date	MC	S	VE	S	MT	S	GV	S	ST	S	UR	S	NT	S	PL	S
26/09/2015																
27/09/2015																
28/09/2015									2,1	♈♐						
29/09/2015			4,7	♈♌												
30/09/2015			9,7	♉♌	0,1	♉♍	7,5	♉♍							9,8	♉♑
01/10/2015							7,1	♉♍							5,0	♉♑
02/10/2015	3,2	♊♎														
03/10/2015																
04/10/2015													7,8	♊♓		
05/10/2015													5,3	♋♓		
06/10/2015									5,9	♋♐						
07/10/2015									6,4	♌♐						
08/10/2015											1,4	♌♈				
09/10/2015																
10/10/2015															0,9	♍♑
11/10/2015																
12/10/2015																
13/10/2015																
14/10/2015													6,2	♏♓		
15/10/2015													5,8	♏♓		
16/10/2015																
17/10/2015																
18/10/2015											1,8	♐♈				
19/10/2015			6,3	♑♍												
20/10/2015			5,8	♑♍	0,3	♑♍	1,2	♑♍								
21/10/2015																
22/10/2015	0,9	♒♎														
23/10/2015																
24/10/2015																
25/10/2015									7,3	♓♐						
26/10/2015									7,6	♈♐						
27/10/2015																
28/10/2015			6,6	♉♍	9,1	♉♍	4,8	♉♍							2,0	♉♑
29/10/2015			7,3	♉♍	5,1	♉♍	9,9	♉♍								
30/10/2015																
31/10/2015	1,5	♊♎														
01/11/2015													1,3	♋♓		
02/11/2015																
03/11/2015									0,0	♌♐						
04/11/2015											0,9	♌♈				
05/11/2015																
06/11/2015															2,7	♍♑
07/11/2015															9,1	♍♑
08/11/2015																
09/11/2015																
10/11/2015													9,1	♎♓		
11/11/2015													3,0	♏♓		
12/11/2015																
13/11/2015																
14/11/2015											0,2	♐♈				
15/11/2015																
16/11/2015									6,3	♑♍						
17/11/2015							6,6	♑♎	6,7	♑♍						
18/11/2015			1,0	♒♎	6,2	♒♎										
19/11/2015																
20/11/2015																
21/11/2015	9,4	♓♐														
22/11/2015	3,4	♈♐							1,2	♈♐						
23/11/2015																
24/11/2015															9,2	♉♑
25/11/2015							0,9	♉♍							5,6	♉♑
26/11/2015					3,7	♊♎										
27/11/2015			2,0	♊♎												
28/11/2015													4,4	♋♓		
29/11/2015													9,3	♋♓		
30/11/2015									7,9	♋♐						
01/12/2015	3,5	♌♐							4,8	♌♐	4,4	♌♈				

146

TRIGONI LUNA

Data	MC	S	VE	S	MT	S	GV	S	ST	S	UR	S	NT	S	PL	S
02/12/2015	7,4	♌♐									8,0	♌♈				
03/12/2015															7,1	♍♑
04/12/2015															4,8	♍♑
05/12/2015																
06/12/2015																
07/12/2015																
08/12/2015													0,8	♏♓		
09/12/2015																
10/12/2015																
11/12/2015											3,2	♐♈				
12/12/2015											9,7	♐♈				
13/12/2015																
14/12/2015							0,5	♑♍								
15/12/2015																
16/12/2015					0,3	♒♎										
17/12/2015																
18/12/2015			2,3	♓♏												
19/12/2015									8,2	♈♐						
20/12/2015									5,8	♈♐						
21/12/2015																
22/12/2015	3,6	♉♑					8,6	♉♍							0,5	♉♑
23/12/2015	9,3	♉♑					5,7	♉♍								
24/12/2015																
25/12/2015					2,2	♊♎										
26/12/2015													3,3	♋♓		
27/12/2015			1,8	♋♏												
28/12/2015									3,4	♌♐	9,2	♌♈				
29/12/2015									9,3	♌♐	3,6	♌♈				
30/12/2015																
31/12/2015															0,3	♍♑
01/01/2016	2,6	♍♑														

TRIGONI MERCURIO

Date	MT	S	GV	S	ST	S	UR	S	NT	S	PL	S
01/01/2015												
02/01/2015												
03/01/2015												
04/01/2015												
05/01/2015												
06/01/2015												
07/01/2015												
08/01/2015												
09/01/2015												
10/01/2015												
11/01/2015												
12/01/2015												
13/01/2015												
14/01/2015												
15/01/2015												
16/01/2015												
17/01/2015												
18/01/2015												
19/01/2015												
20/01/2015												
21/01/2015												
22/01/2015												
23/01/2015												
24/01/2015												
25/01/2015												
26/01/2015												
27/01/2015												
28/01/2015												
29/01/2015												
30/01/2015												
31/01/2015												
01/02/2015												
02/02/2015												
03/02/2015												
04/02/2015												
05/02/2015												
06/02/2015												
07/02/2015												
08/02/2015												
09/02/2015												
10/02/2015												
11/02/2015												
12/02/2015												
13/02/2015												
14/02/2015												
15/02/2015												
16/02/2015												
17/02/2015												
18/02/2015												
19/02/2015												
20/02/2015												
21/02/2015												
22/02/2015												
23/02/2015												
24/02/2015												
25/02/2015												
26/02/2015												
27/02/2015												
28/02/2015												
01/03/2015												
02/03/2015												
03/03/2015												
04/03/2015												
05/03/2015												
06/03/2015												
07/03/2015												
08/03/2015												

TRIGONI MERCURIO

	MT	S	GV	S	ST	S	UR	S	NT	S	PL	S
09/03/2015												
10/03/2015												
11/03/2015												
12/03/2015												
13/03/2015												
14/03/2015												
15/03/2015												
16/03/2015												
17/03/2015												
18/03/2015												
19/03/2015												
20/03/2015												
21/03/2015												
22/03/2015												
23/03/2015												
24/03/2015												
25/03/2015												
26/03/2015												
27/03/2015												
28/03/2015												
29/03/2015												
30/03/2015												
31/03/2015						4,8	♓♐					
01/04/2015						2,9	♈♐					
02/04/2015						1,0	♈♐					
03/04/2015						1,0	♈♐					
04/04/2015						2,9	♈♐					
05/04/2015				3,1	♈♌	4,9	♈♐					
06/04/2015				1,1	♈♌							
07/04/2015				0,9	♈♌							
08/04/2015				2,9	♈♌							
09/04/2015				5,0	♈♌							
10/04/2015												
11/04/2015												
12/04/2015												
13/04/2015												
14/04/2015												
15/04/2015												
16/04/2015												
17/04/2015												
18/04/2015												
19/04/2015												
20/04/2015												
21/04/2015												3,1	♉♑
22/04/2015												1,1	♉♑
23/04/2015												0,8	♉♑
24/04/2015												2,7	♉♑
25/04/2015												4,6	♉♑
26/04/2015													
27/04/2015													
28/04/2015													
29/04/2015													
30/04/2015													
01/05/2015													
02/05/2015													
03/05/2015													
04/05/2015													
05/05/2015													
06/05/2015													
07/05/2015													
08/05/2015													
09/05/2015													
10/05/2015													
11/05/2015													
12/05/2015													
13/05/2015													
14/05/2015													

TRIGONI MERCURIO

	MT	S	GV	S	ST	S	UR	S	NT	S	PL	S
15/05/2015												
16/05/2015												
17/05/2015												
18/05/2015												
19/05/2015												
20/05/2015												
21/05/2015												
22/05/2015												
23/05/2015												
24/05/2015												
25/05/2015												
26/05/2015												
27/05/2015												
28/05/2015												
29/05/2015												
30/05/2015												
31/05/2015												
01/06/2015												
02/06/2015												
03/06/2015												
04/06/2015												
05/06/2015												
06/06/2015												
07/06/2015												
08/06/2015												
09/06/2015												
10/06/2015												
11/06/2015												
12/06/2015												
13/06/2015												
14/06/2015												
15/06/2015												
16/06/2015												
17/06/2015												
18/06/2015												
19/06/2015												
20/06/2015												
21/06/2015												
22/06/2015												
23/06/2015												
24/06/2015												
25/06/2015												
26/06/2015												
27/06/2015												
28/06/2015												
29/06/2015												
30/06/2015												
01/07/2015												
02/07/2015												
03/07/2015												
04/07/2015												
05/07/2015												
06/07/2015												
07/07/2015												
08/07/2015												
09/07/2015												
10/07/2015												
11/07/2015												
12/07/2015										3,6	♋H		
13/07/2015										1,6	♋H		
14/07/2015										0,4	♋H		
15/07/2015										2,5	♋H		
16/07/2015										4,5	♋H		
17/07/2015													
18/07/2015													
19/07/2015													
20/07/2015													

TRIGONI MERCURIO

	MT	S	GV	S	ST	S	UR	S	NT	S	PL	S
21/07/2015					3,8	♋♏						
22/07/2015					1,6	♋♏						
23/07/2015					0,5	♋♏						
24/07/2015					2,7	♌♏						
25/07/2015					4,8	♌♏						
26/07/2015												
27/07/2015												
28/07/2015												
29/07/2015												
30/07/2015												
31/07/2015												
01/08/2015							3,1	♌♈				
02/08/2015							1,2	♌♈				
03/08/2015							0,7	♌♈				
04/08/2015							2,6	♌♈				
05/08/2015							4,5	♌♈				
06/08/2015												
07/08/2015												
08/08/2015												
09/08/2015												
10/08/2015												
11/08/2015												
12/08/2015												
13/08/2015											4,6	♍♑
14/08/2015											2,9	♍♑
15/08/2015											1,3	♍♑
16/08/2015											0,3	♍♑
17/08/2015											1,8	♍♑
18/08/2015											3,4	♍♑
19/08/2015											4,9	♍♑
20/08/2015												
21/08/2015												
22/08/2015												
23/08/2015												
24/08/2015												
25/08/2015												
26/08/2015												
27/08/2015												
28/08/2015												
29/08/2015												
30/08/2015												
31/08/2015												
01/09/2015												
02/09/2015												
03/09/2015												
04/09/2015												
05/09/2015												
06/09/2015												
07/09/2015												
08/09/2015												
09/09/2015												
10/09/2015												
11/09/2015												
12/09/2015												
13/09/2015												
14/09/2015												
15/09/2015												
16/09/2015												
17/09/2015												
18/09/2015												
19/09/2015												
20/09/2015												
21/09/2015												
22/09/2015												
23/09/2015												
24/09/2015												
25/09/2015												

TRIGONI MERCURIO

	MT	S	GV	S	ST	S	UR	S	NT	S	PL	S
26/09/2015												
27/09/2015												
28/09/2015												
29/09/2015												
30/09/2015												
01/10/2015												
02/10/2015												
03/10/2015												
04/10/2015												
05/10/2015												
06/10/2015												
07/10/2015												
08/10/2015												
09/10/2015												
10/10/2015												
11/10/2015												
12/10/2015												
13/10/2015												
14/10/2015												
15/10/2015												
16/10/2015												
17/10/2015												
18/10/2015												
19/10/2015												
20/10/2015												
21/10/2015												
22/10/2015												
23/10/2015												
24/10/2015												
25/10/2015												
26/10/2015												
27/10/2015												
28/10/2015												
29/10/2015												
30/10/2015												
31/10/2015												
01/11/2015												
02/11/2015												
03/11/2015												
04/11/2015										4,3	♏♓		
05/11/2015										2,6	♏♓		
06/11/2015										0,9	♏♓		
07/11/2015										0,7	♏♓		
08/11/2015										2,4	♏♓		
09/11/2015										4,0	♏♓		
10/11/2015													
11/11/2015													
12/11/2015													
13/11/2015													
14/11/2015													
15/11/2015													
16/11/2015													
17/11/2015													
18/11/2015													
19/11/2015													
20/11/2015													
21/11/2015													
22/11/2015													
23/11/2015													
24/11/2015													
25/11/2015													
26/11/2015													
27/11/2015													
28/11/2015													
29/11/2015								4,1	♐♈				
30/11/2015								2,5	♐♈				
01/12/2015								0,9	♐♈				

TRIGONI MERCURIO

	MT	S	GV	S	ST	S	UR	S	NT	S	PL	S
02/12/2015							0,7	♐♈				
03/12/2015							2,2	♐♈				
04/12/2015							3,8	♐♈				
05/12/2015												
06/12/2015												
07/12/2015												
08/12/2015												
09/12/2015												
10/12/2015												
11/12/2015												
12/12/2015												
13/12/2015												
14/12/2015												
15/12/2015												
16/12/2015												
17/12/2015												
18/12/2015												
19/12/2015												
20/12/2015												
21/12/2015												
22/12/2015			5,0	♑♍								
23/12/2015			3,6	♑♍								
24/12/2015			2,3	♑♍								
25/12/2015			1,0	♑♍								
26/12/2015			0,2	♑♍								
27/12/2015			1,4	♑♍								
28/12/2015			2,5	♑♍								
29/12/2015			3,5	♑♍								
30/12/2015			4,5	♑♍								
31/12/2015												
01/01/2016												

TRIGONI VENERE

Data	MT	S	GV	S	ST	S	UR	S	NT	S	PL	S
01/01/2015												
02/01/2015												
03/01/2015												
04/01/2015												
05/01/2015												
06/01/2015												
07/01/2015												
08/01/2015												
09/01/2015												
10/01/2015												
11/01/2015												
12/01/2015												
13/01/2015												
14/01/2015												
15/01/2015												
16/01/2015												
17/01/2015												
18/01/2015												
19/01/2015												
20/01/2015												
21/01/2015												
22/01/2015												
23/01/2015												
24/01/2015												
25/01/2015												
26/01/2015												
27/01/2015												
28/01/2015												
29/01/2015												
30/01/2015												
31/01/2015												
01/02/2015												
02/02/2015												
03/02/2015												
04/02/2015												
05/02/2015												
06/02/2015												
07/02/2015												
08/02/2015												
09/02/2015												
10/02/2015												
11/02/2015												
12/02/2015												
13/02/2015												
14/02/2015												
15/02/2015												
16/02/2015												
17/02/2015												
18/02/2015												
19/02/2015												
20/02/2015												
21/02/2015					4,3	♈♐						
22/02/2015					3,1	♈♐						
23/02/2015					1,9	♈♐						
24/02/2015					0,7	♈♐						
25/02/2015					0,5	♈♐						
26/02/2015					1,7	♈♐						
27/02/2015					2,8	♈♐						
28/02/2015					4,0	♈♐						
01/03/2015			4,8	♈♌								
02/03/2015			3,5	♈♌								
03/03/2015			2,2	♈♌								
04/03/2015			0,8	♈♌								
05/03/2015			0,5	♈♌								
06/03/2015			1,8	♈♌								
07/03/2015			3,1	♈♌								
08/03/2015			4,4	♈♌								

TRIGONI VENERE

	MT	S	GV	S	ST	S	UR	S	NT	S	PL	S
09/03/2015												
10/03/2015												
11/03/2015												
12/03/2015												
13/03/2015												
14/03/2015												
15/03/2015												
16/03/2015												
17/03/2015												
18/03/2015												
19/03/2015												
20/03/2015												
21/03/2015												
22/03/2015												
23/03/2015												
24/03/2015												
25/03/2015												
26/03/2015												
27/03/2015												3,9	♉♑
28/03/2015											2,7	♉♑
29/03/2015											1,6	♉♑
30/03/2015											0,4	♉♑
31/03/2015											0,8	♉♑
01/04/2015											2,0	♉♑
02/04/2015											3,2	♉♑
03/04/2015											4,3	♉♑
04/04/2015												
05/04/2015												
06/04/2015												
07/04/2015												
08/04/2015												
09/04/2015												
10/04/2015												
11/04/2015												
12/04/2015												
13/04/2015												
14/04/2015												
15/04/2015												
16/04/2015												
17/04/2015												
18/04/2015												
19/04/2015												
20/04/2015												
21/04/2015												
22/04/2015												
23/04/2015												
24/04/2015												
25/04/2015												
26/04/2015												
27/04/2015												
28/04/2015												
29/04/2015												
30/04/2015												
01/05/2015												
02/05/2015												
03/05/2015												
04/05/2015												
05/05/2015												
06/05/2015												
07/05/2015												
08/05/2015												
09/05/2015												
10/05/2015												
11/05/2015												
12/05/2015												
13/05/2015										4,0	♋♓		
14/05/2015										3,0	♋♓		

TRIGONI VENERE

	MT	S	GV	S	ST	S	UR	S	NT	S	PL	S
15/05/2015									1,9	♋︎♓︎		
16/05/2015									0,8	♋︎♓︎		
17/05/2015									0,2	♋︎♓︎		
18/05/2015									1,3	♋︎♓︎		
19/05/2015									2,3	♋︎♓︎		
20/05/2015									3,4	♋︎♓︎		
21/05/2015									4,4	♋︎♓︎		
22/05/2015												
23/05/2015												
24/05/2015												
25/05/2015												
26/05/2015												
27/05/2015												
28/05/2015												
29/05/2015												
30/05/2015												
31/05/2015												
01/06/2015												
02/06/2015						4,5	♋︎♐︎					
03/06/2015						3,4	♋︎♐︎					
04/06/2015						2,4	♋︎♐︎					
05/06/2015						1,3	♋︎♐︎					
06/06/2015						0,3	♌︎♐︎					
07/06/2015						0,8	♌︎♐︎					
08/06/2015						1,8	♌︎♐︎					
09/06/2015						2,8	♌︎♐︎					
10/06/2015						3,8	♌︎♐︎					
11/06/2015						4,8	♌︎♐︎					
12/06/2015												
13/06/2015												
14/06/2015												
15/06/2015												
16/06/2015												
17/06/2015												
18/06/2015												
19/06/2015												
20/06/2015												
21/06/2015												
22/06/2015												
23/06/2015								4,6	♌︎♈︎			
24/06/2015								3,8	♌︎♈︎			
25/06/2015								3,1	♌︎♈︎			
26/06/2015								2,3	♌︎♈︎			
27/06/2015								1,6	♌︎♈︎			
28/06/2015								0,9	♌︎♈︎			
29/06/2015								0,2	♌︎♈︎			
30/06/2015								0,5	♌︎♈︎			
01/07/2015								1,2	♌︎♈︎			
02/07/2015								1,8	♌︎♈︎			
03/07/2015								2,4	♌︎♈︎			
04/07/2015								3,1	♌︎♈︎			
05/07/2015								3,7	♌︎♈︎			
06/07/2015								4,2	♌︎♈︎			
07/07/2015								4,8	♌︎♈︎			
08/07/2015												
09/07/2015												
10/07/2015												
11/07/2015												
12/07/2015												
13/07/2015												
14/07/2015												
15/07/2015												
16/07/2015												
17/07/2015												
18/07/2015												
19/07/2015												
20/07/2015												

TRIGONI VENERE

	MT	S	GV	S	ST	S	UR	S	NT	S	PL	S
21/07/2015												
22/07/2015												
23/07/2015												
24/07/2015												
25/07/2015												
26/07/2015												
27/07/2015												
28/07/2015												
29/07/2015												
30/07/2015												
31/07/2015												
01/08/2015												
02/08/2015												
03/08/2015												
04/08/2015												
05/08/2015												
06/08/2015												
07/08/2015												
08/08/2015												
09/08/2015												
10/08/2015												
11/08/2015												
12/08/2015								4,6	♌♈			
13/08/2015								4,0	♌♈			
14/08/2015								3,4	♌♈			
15/08/2015								2,8	♌♈			
16/08/2015								2,2	♌♈			
17/08/2015								1,6	♌♈			
18/08/2015								1,0	♌♈			
19/08/2015								0,4	♌♈			
20/08/2015								0,2	♌♈			
21/08/2015								0,7	♌♈			
22/08/2015								1,3	♌♈			
23/08/2015								1,8	♌♈			
24/08/2015								2,3	♌♈			
25/08/2015								2,8	♌♈			
26/08/2015								3,2	♌♈			
27/08/2015								3,6	♌♈			
28/08/2015								3,9	♌♈			
29/08/2015								4,3	♌♈			
30/08/2015								4,6	♌♈			
31/08/2015								4,8	♌♈			
01/09/2015												
02/09/2015												
03/09/2015												
04/09/2015												
05/09/2015												
06/09/2015												
07/09/2015												
08/09/2015												
09/09/2015												
10/09/2015												
11/09/2015								4,9	♌♈			
12/09/2015								4,7	♌♈			
13/09/2015								4,4	♌♈			
14/09/2015								4,1	♌♈			
15/09/2015								3,8	♌♈			
16/09/2015								3,4	♌♈			
17/09/2015								3,0	♌♈			
18/09/2015								2,6	♌♈			
19/09/2015								2,2	♌♈			
20/09/2015								1,7	♌♈			
21/09/2015								1,2	♌♈			
22/09/2015								0,7	♌♈			
23/09/2015								0,1	♌♈			
24/09/2015								0,5	♌♈			
25/09/2015								1,1	♌♈			

TRIGONI VENERE

Data	MT	S	GV	S	ST	S	UR	S	NT	S	PL	S
26/09/2015							1,7	♌♈				
27/09/2015							2,4	♌♈				
28/09/2015							3,0	♌♈				
29/09/2015							3,7	♌♈				
30/09/2015							4,4	♌♈				
01/10/2015												
02/10/2015												
03/10/2015												
04/10/2015												
05/10/2015												
06/10/2015												
07/10/2015												
08/10/2015												
09/10/2015												
10/10/2015												
11/10/2015												
12/10/2015												
13/10/2015												
14/10/2015												
15/10/2015												
16/10/2015												
17/10/2015												
18/10/2015												5,0	♍♑
19/10/2015												4,1	♍♑
20/10/2015												3,1	♍♑
21/10/2015												2,2	♍♑
22/10/2015												1,3	♍♑
23/10/2015												0,3	♍♑
24/10/2015												0,7	♍♑
25/10/2015												1,6	♍♑
26/10/2015												2,6	♍♑
27/10/2015												3,6	♍♑
28/10/2015												4,6	♍♑
29/10/2015													
30/10/2015													
31/10/2015													
01/11/2015													
02/11/2015													
03/11/2015													
04/11/2015													
05/11/2015													
06/11/2015													
07/11/2015													
08/11/2015													
09/11/2015													
10/11/2015													
11/11/2015													
12/11/2015													
13/11/2015													
14/11/2015													
15/11/2015													
16/11/2015													
17/11/2015													
18/11/2015													
19/11/2015													
20/11/2015													
21/11/2015													
22/11/2015													
23/11/2015													
24/11/2015													
25/11/2015													
26/11/2015													
27/11/2015													
28/11/2015													
29/11/2015													
30/11/2015													
01/12/2015													

TRIGONI VENERE

	MT	S	GV	S	ST	S	UR	S	NT	S	PL	S
02/12/2015												
03/12/2015												
04/12/2015												
05/12/2015												
06/12/2015												
07/12/2015										5,0	♏♓	
08/12/2015										3,8	♏♓	
09/12/2015										2,6	♏♓	
10/12/2015										1,5	♏♓	
11/12/2015										0,3	♏♓	
12/12/2015										0,9	♏♓	
13/12/2015										2,0	♏♓	
14/12/2015										3,2	♏♓	
15/12/2015										4,4	♏♓	
16/12/2015												
17/12/2015												
18/12/2015												
19/12/2015												
20/12/2015												
21/12/2015												
22/12/2015												
23/12/2015												
24/12/2015												
25/12/2015												
26/12/2015												
27/12/2015												
28/12/2015												
29/12/2015												
30/12/2015												
31/12/2015												
01/01/2016												

TRIGONI MARTE

	GV	S	ST	S	UR	S	NT	S	PL	S
01/01/2015										
02/01/2015										
03/01/2015										
04/01/2015										
05/01/2015										
06/01/2015										
07/01/2015										
08/01/2015										
09/01/2015										
10/01/2015										
11/01/2015										
12/01/2015										
13/01/2015										
14/01/2015										
15/01/2015										
16/01/2015										
17/01/2015										
18/01/2015										
19/01/2015										
20/01/2015										
21/01/2015										
22/01/2015										
23/01/2015										
24/01/2015										
25/01/2015										
26/01/2015										
27/01/2015										
28/01/2015										
29/01/2015										
30/01/2015										
31/01/2015										
01/02/2015										
02/02/2015										
03/02/2015										
04/02/2015										
05/02/2015										
06/02/2015										
07/02/2015										
08/02/2015										
09/02/2015										
10/02/2015										
11/02/2015										
12/02/2015										
13/02/2015										
14/02/2015										
15/02/2015										
16/02/2015										
17/02/2015										
18/02/2015										
19/02/2015										
20/02/2015			4,5	♓♐						
21/02/2015			3,8	♈♐						
22/02/2015			3,0	♈♐						
23/02/2015			2,3	♈♐						
24/02/2015			1,6	♈♐						
25/02/2015			0,8	♈♐						
26/02/2015			0,1	♈♐						
27/02/2015			0,6	♈♐						
28/02/2015			1,4	♈♐						
01/03/2015			2,1	♈♐						
02/03/2015			2,9	♈♐						
03/03/2015			3,6	♈♐						
04/03/2015			4,3	♈♐						
05/03/2015	4,5	♈♌								
06/03/2015	3,6	♈♌								
07/03/2015	2,8	♈♌								
08/03/2015	1,9	♈♌								

TRIGONI MARTE

Data	GV	S	ST	S	UR	S	NT	S	PL	S
09/03/2015	1,1	♈♌								
10/03/2015	0,2	♈♌								
11/03/2015	0,6	♈♌								
12/03/2015	1,5	♈♌								
13/03/2015	2,3	♈♌								
14/03/2015	3,1	♈♌								
15/03/2015	4,0	♈♌								
16/03/2015	4,8	♈♌								
17/03/2015										
18/03/2015										
19/03/2015										
20/03/2015										
21/03/2015										
22/03/2015										
23/03/2015										
24/03/2015										
25/03/2015										
26/03/2015										
27/03/2015										
28/03/2015										
29/03/2015										
30/03/2015										
31/03/2015										
01/04/2015										
02/04/2015										
03/04/2015										
04/04/2015										
05/04/2015										
06/04/2015										
07/04/2015										
08/04/2015										
09/04/2015										
10/04/2015										
11/04/2015										
12/04/2015										
13/04/2015										
14/04/2015										
15/04/2015										
16/04/2015									4,3	♉♑
17/04/2015									3,6	♉♑
18/04/2015									2,8	♉♑
19/04/2015									2,1	♉♑
20/04/2015									1,4	♉♑
21/04/2015									0,7	♉♑
22/04/2015									0,1	♉♑
23/04/2015									0,8	♉♑
24/04/2015									1,5	♉♑
25/04/2015									2,3	♉♑
26/04/2015									3,0	♉♑
27/04/2015									3,7	♉♑
28/04/2015									4,4	♉♑
29/04/2015										
30/04/2015										
01/05/2015										
02/05/2015										
03/05/2015										
04/05/2015										
05/05/2015										
06/05/2015										
07/05/2015										
08/05/2015										
09/05/2015										
10/05/2015										
11/05/2015										
12/05/2015										
13/05/2015										
14/05/2015										

TRIGONI MARTE

Date	GV	S	ST	S	UR	S	NT	S	PL	S
15/05/2015										
16/05/2015										
17/05/2015										
18/05/2015										
19/05/2015										
20/05/2015										
21/05/2015										
22/05/2015										
23/05/2015										
24/05/2015										
25/05/2015										
26/05/2015										
27/05/2015										
28/05/2015										
29/05/2015										
30/05/2015										
31/05/2015										
01/06/2015										
02/06/2015										
03/06/2015										
04/06/2015										
05/06/2015										
06/06/2015										
07/06/2015										
08/06/2015										
09/06/2015										
10/06/2015										
11/06/2015										
12/06/2015										
13/06/2015										
14/06/2015										
15/06/2015										
16/06/2015										
17/06/2015										
18/06/2015										
19/06/2015										
20/06/2015										
21/06/2015										
22/06/2015										
23/06/2015										
24/06/2015										
25/06/2015										
26/06/2015										
27/06/2015										
28/06/2015										
29/06/2015										
30/06/2015										
01/07/2015										
02/07/2015								4,7	☾♓		
03/07/2015								4,0	☾♓		
04/07/2015								3,4	☾♓		
05/07/2015								2,7	☾♓		
06/07/2015								2,0	☾♓		
07/07/2015								1,3	☾♓		
08/07/2015								0,6	☾♓		
09/07/2015								0,0	☾♓		
10/07/2015								0,7	☾♓		
11/07/2015								1,4	☾♓		
12/07/2015								2,1	☾♓		
13/07/2015								2,8	☾♓		
14/07/2015								3,4	☾♓		
15/07/2015								4,1	☾♓		
16/07/2015								4,8	☾♓		
17/07/2015											
18/07/2015											
19/07/2015											
20/07/2015											

TRIGONI MARTE

	GV	S	ST	S	UR	S	NT	S	PL	S
21/07/2015										
22/07/2015										
23/07/2015										
24/07/2015										
25/07/2015										
26/07/2015										
27/07/2015										
28/07/2015										
29/07/2015										
30/07/2015			4,8	♋︎♏︎						
31/07/2015			4,1	♋︎♏︎						
01/08/2015			3,5	♋︎♏︎						
02/08/2015			2,8	♋︎♏︎						
03/08/2015			2,2	♋︎♏︎						
04/08/2015			1,5	♋︎♏︎						
05/08/2015			0,9	♋︎♏︎						
06/08/2015			0,2	♋︎♏︎						
07/08/2015			0,4	♋︎♏︎						
08/08/2015			1,1	♋︎♏︎						
09/08/2015			1,7	♌︎♏︎						
10/08/2015			2,3	♌︎♏︎						
11/08/2015			3,0	♌︎♏︎						
12/08/2015			3,6	♌︎♏︎						
13/08/2015			4,2	♌︎♏︎						
14/08/2015			4,9	♌︎♏︎						
15/08/2015										
16/08/2015										
17/08/2015										
18/08/2015										
19/08/2015										
20/08/2015										
21/08/2015										
22/08/2015										
23/08/2015										
24/08/2015										
25/08/2015										
26/08/2015										
27/08/2015										
28/08/2015										
29/08/2015										
30/08/2015										
31/08/2015										
01/09/2015										
02/09/2015					4,5	♌︎♈︎				
03/09/2015					3,9	♌︎♈︎				
04/09/2015					3,2	♌︎♈︎				
05/09/2015					2,5	♌︎♈︎				
06/09/2015					1,9	♌︎♈︎				
07/09/2015					1,2	♌︎♈︎				
08/09/2015					0,6	♌︎♈︎				
09/09/2015					0,1	♌︎♈︎				
10/09/2015					0,8	♌︎♈︎				
11/09/2015					1,4	♌︎♈︎				
12/09/2015					2,1	♌︎♈︎				
13/09/2015					2,8	♌︎♈︎				
14/09/2015					3,4	♌︎♈︎				
15/09/2015					4,1	♌︎♈︎				
16/09/2015					4,8	♌︎♈︎				
17/09/2015										
18/09/2015										
19/09/2015										
20/09/2015										
21/09/2015										
22/09/2015										
23/09/2015										
24/09/2015										
25/09/2015										

TRIGONI MARTE

	GV	S	ST	S	UR	S	NT	S	PL	S
26/09/2015										
27/09/2015										
28/09/2015										
29/09/2015										
30/09/2015										
01/10/2015										
02/10/2015										
03/10/2015										
04/10/2015										
05/10/2015										
06/10/2015										
07/10/2015										
08/10/2015										5,0	♍ ♑
09/10/2015										4,4	♍ ♑
10/10/2015										3,7	♍ ♑
11/10/2015										3,1	♍ ♑
12/10/2015										2,5	♍ ♑
13/10/2015										1,9	♍ ♑
14/10/2015										1,3	♍ ♑
15/10/2015										0,7	♍ ♑
16/10/2015										0,1	♍ ♑
17/10/2015										0,5	♍ ♑
18/10/2015										1,1	♍ ♑
19/10/2015										1,7	♍ ♑
20/10/2015										2,3	♍ ♑
21/10/2015										2,9	♍ ♑
22/10/2015										3,5	♍ ♑
23/10/2015										4,1	♍ ♑
24/10/2015										4,7	♍ ♑
25/10/2015											
26/10/2015											
27/10/2015											
28/10/2015											
29/10/2015											
30/10/2015											
31/10/2015											
01/11/2015											
02/11/2015											
03/11/2015											
04/11/2015											
05/11/2015											
06/11/2015											
07/11/2015											
08/11/2015											
09/11/2015											
10/11/2015											
11/11/2015											
12/11/2015											
13/11/2015											
14/11/2015											
15/11/2015											
16/11/2015											
17/11/2015											
18/11/2015											
19/11/2015											
20/11/2015											
21/11/2015											
22/11/2015											
23/11/2015											
24/11/2015											
25/11/2015											
26/11/2015											
27/11/2015											
28/11/2015											
29/11/2015											
30/11/2015											
01/12/2015											

TRIGONI MARTE

	GV	S	ST	S	UR	S	NT	S	PL	S
02/12/2015										
03/12/2015										
04/12/2015										
05/12/2015										
06/12/2015										
07/12/2015										
08/12/2015										
09/12/2015										
10/12/2015										
11/12/2015										
12/12/2015										
13/12/2015										
14/12/2015										
15/12/2015										
16/12/2015										
17/12/2015										
18/12/2015										
19/12/2015										
20/12/2015										
21/12/2015										
22/12/2015										
23/12/2015										
24/12/2015										
25/12/2015										
26/12/2015										
27/12/2015										
28/12/2015										
29/12/2015										
30/12/2015										
31/12/2015										
01/01/2016										

	TRIGONI GIOVE							TRIGONI SATURNO				
	ST	S	UR	S	NT	S	PL	S	UR	S	NT	S	PL	S
01/01/2015														
02/01/2015														
03/01/2015														
04/01/2015														
05/01/2015														
06/01/2015														
07/01/2015														
08/01/2015														
09/01/2015														
10/01/2015														
11/01/2015														
12/01/2015														
13/01/2015														
14/01/2015														
15/01/2015														
16/01/2015														
17/01/2015														
18/01/2015														
19/01/2015														
20/01/2015														
21/01/2015														
22/01/2015														
23/01/2015														
24/01/2015														
25/01/2015														
26/01/2015														
27/01/2015														
28/01/2015														
29/01/2015														
30/01/2015														
31/01/2015														
01/02/2015														
02/02/2015			5,0	♌♈										
03/02/2015			4,8	♌♈										
04/02/2015			4,6	♌♈										
05/02/2015			4,4	♌♈										
06/02/2015			4,3	♌♈										
07/02/2015			4,1	♌♈										
08/02/2015			3,9	♌♈										
09/02/2015			3,8	♌♈										
10/02/2015			3,6	♌♈										
11/02/2015			3,4	♌♈										
12/02/2015			3,3	♌♈										
13/02/2015			3,1	♌♈										
14/02/2015			2,9	♌♈										
15/02/2015			2,7	♌♈										
16/02/2015			2,6	♌♈										
17/02/2015			2,4	♌♈										
18/02/2015			2,2	♌♈										
19/02/2015			2,0	♌♈										
20/02/2015			1,9	♌♈										
21/02/2015			1,7	♌♈										
22/02/2015			1,5	♌♈										
23/02/2015			1,4	♌♈										
24/02/2015			1,2	♌♈										
25/02/2015			1,0	♌♈										
26/02/2015			0,9	♌♈										
27/02/2015			0,7	♌♈										
28/02/2015			0,6	♌♈										
01/03/2015			0,4	♌♈										
02/03/2015			0,2	♌♈										
03/03/2015			0,1	♌♈										
04/03/2015			0,1	♌♈										
05/03/2015			0,2	♌♈										
06/03/2015			0,4	♌♈										
07/03/2015			0,5	♌♈										
08/03/2015			0,7	♌♈										

	TRIGONI GIOVE							TRIGONI SATURNO				
	ST	S	UR	S	NT	S	PL	S	UR	S	NT	S	PL	S
09/03/2015			0,8	♌♈										
10/03/2015			1,0	♌♈										
11/03/2015			1,1	♌♈										
12/03/2015			1,2	♌♈										
13/03/2015			1,4	♌♈										
14/03/2015			1,5	♌♈										
15/03/2015			1,6	♌♈										
16/03/2015			1,8	♌♈										
17/03/2015			1,9	♌♈										
18/03/2015			2,0	♌♈										
19/03/2015			2,1	♌♈										
20/03/2015			2,3	♌♈										
21/03/2015			2,4	♌♈										
22/03/2015			2,5	♌♈										
23/03/2015			2,6	♌♈										
24/03/2015			2,7	♌♈										
25/03/2015			2,8	♌♈										
26/03/2015			2,9	♌♈										
27/03/2015			3,0	♌♈										
28/03/2015			3,1	♌♈										
29/03/2015			3,2	♌♈										
30/03/2015			3,3	♌♈										
31/03/2015			3,4	♌♈										
01/04/2015			3,5	♌♈										
02/04/2015			3,5	♌♈										
03/04/2015			3,6	♌♈										
04/04/2015			3,7	♌♈										
05/04/2015			3,8	♌♈										
06/04/2015			3,8	♌♈										
07/04/2015			3,9	♌♈										
08/04/2015			3,9	♌♈										
09/04/2015			4,0	♌♈										
10/04/2015			4,1	♌♈										
11/04/2015			4,1	♌♈										
12/04/2015			4,2	♌♈										
13/04/2015			4,2	♌♈										
14/04/2015			4,2	♌♈										
15/04/2015			4,3	♌♈										
16/04/2015			4,3	♌♈										
17/04/2015			4,4	♌♈										
18/04/2015			4,4	♌♈										
19/04/2015			4,4	♌♈										
20/04/2015			4,4	♌♈										
21/04/2015			4,4	♌♈										
22/04/2015			4,5	♌♈										
23/04/2015			4,5	♌♈										
24/04/2015			4,5	♌♈										
25/04/2015			4,5	♌♈										
26/04/2015			4,5	♌♈										
27/04/2015			4,5	♌♈										
28/04/2015			4,5	♌♈										
29/04/2015			4,5	♌♈										
30/04/2015			4,5	♌♈										
01/05/2015			4,5	♌♈										
02/05/2015			4,5	♌♈										
03/05/2015			4,4	♌♈										
04/05/2015			4,4	♌♈										
05/05/2015			4,4	♌♈										
06/05/2015			4,4	♌♈										
07/05/2015			4,3	♌♈										
08/05/2015			4,3	♌♈										
09/05/2015			4,3	♌♈										
10/05/2015			4,2	♌♈										
11/05/2015			4,2	♌♈										
12/05/2015			4,1	♌♈										
13/05/2015			4,1	♌♈										
14/05/2015			4,1	♌♈										

TRIGONI GIOVE

	ST	S	UR	S	NT	S	PL	S
15/05/2015			4,0	♌♈				
16/05/2015			3,9	♌♈				
17/05/2015			3,9	♌♈				
18/05/2015			3,8	♌♈				
19/05/2015			3,8	♌♈				
20/05/2015			3,7	♌♈				
21/05/2015			3,6	♌♈				
22/05/2015			3,6	♌♈				
23/05/2015			3,5	♌♈				
24/05/2015			3,4	♌♈				
25/05/2015			3,3	♌♈				
26/05/2015			3,2	♌♈				
27/05/2015			3,2	♌♈				
28/05/2015			3,1	♌♈				
29/05/2015			3,0	♌♈				
30/05/2015			2,9	♌♈				
31/05/2015			2,8	♌♈				
01/06/2015			2,7	♌♈				
02/06/2015			2,6	♌♈				
03/06/2015			2,5	♌♈				
04/06/2015			2,4	♌♈				
05/06/2015			2,3	♌♈				
06/06/2015			2,2	♌♈				
07/06/2015			2,0	♌♈				
08/06/2015			1,9	♌♈				
09/06/2015			1,8	♌♈				
10/06/2015			1,7	♌♈				
11/06/2015			1,6	♌♈				
12/06/2015			1,4	♌♈				
13/06/2015			1,3	♌♈				
14/06/2015			1,2	♌♈				
15/06/2015			1,1	♌♈				
16/06/2015			0,9	♌♈				
17/06/2015			0,8	♌♈				
18/06/2015			0,7	♌♈				
19/06/2015			0,5	♌♈				
20/06/2015			0,4	♌♈				
21/06/2015			0,2	♌♈				
22/06/2015			0,1	♌♈				
23/06/2015			0,1	♌♈				
24/06/2015			0,2	♌♈				
25/06/2015			0,4	♌♈				
26/06/2015			0,5	♌♈				
27/06/2015			0,7	♌♈				
28/06/2015			0,8	♌♈				
29/06/2015			1,0	♌♈				
30/06/2015			1,2	♌♈				
01/07/2015			1,3	♌♈				
02/07/2015			1,5	♌♈				
03/07/2015			1,7	♌♈				
04/07/2015			1,8	♌♈				
05/07/2015			2,0	♌♈				
06/07/2015			2,2	♌♈				
07/07/2015			2,3	♌♈				
08/07/2015			2,5	♌♈				
09/07/2015			2,7	♌♈				
10/07/2015			2,9	♌♈				
11/07/2015			3,1	♌♈				
12/07/2015			3,3	♌♈				
13/07/2015			3,4	♌♈				
14/07/2015			3,6	♌♈				
15/07/2015			3,8	♌♈				
16/07/2015			4,0	♌♈				
17/07/2015			4,2	♌♈				
18/07/2015			4,4	♌♈				
19/07/2015			4,6	♌♈				
20/07/2015			4,8	♌♈				

TRIGONI SATURNO

UR	S	NT	S	PL	S

	TRIGONI GIOVE									TRIGONI SATURNO					
	ST	S	UR	S	NT	S	PL	S		UR	S	NT	S	PL	S
21/07/2015			5,0	♌♈											
22/07/2015															
23/07/2015															
24/07/2015															
25/07/2015															
26/07/2015															
27/07/2015															
28/07/2015															
29/07/2015															
30/07/2015															
31/07/2015															
01/08/2015															
02/08/2015															
03/08/2015															
04/08/2015															
05/08/2015															
06/08/2015															
07/08/2015															
08/08/2015															
09/08/2015															
10/08/2015															
11/08/2015															
12/08/2015															
13/08/2015															
14/08/2015															
15/08/2015															
16/08/2015															
17/08/2015															
18/08/2015															
19/08/2015															
20/08/2015															
21/08/2015															
22/08/2015															
23/08/2015															
24/08/2015															
25/08/2015															
26/08/2015															
27/08/2015															
28/08/2015															
29/08/2015															
30/08/2015															
31/08/2015															
01/09/2015															
02/09/2015															
03/09/2015															
04/09/2015															
05/09/2015															
06/09/2015															
07/09/2015															
08/09/2015															
09/09/2015															
10/09/2015															
11/09/2015															
12/09/2015															
13/09/2015															
14/09/2015															
15/09/2015															
16/09/2015															
17/09/2015															
18/09/2015								4,9	♍♑						
19/09/2015								4,7	♍♑						
20/09/2015								4,4	♍♑						
21/09/2015								4,2	♍♑						
22/09/2015								4,0	♍♑						
23/09/2015								3,8	♍♑						
24/09/2015								3,6	♍♑						
25/09/2015								3,4	♍♑						

	TRIGONI GIOVE									TRIGONI SATURNO					
	ST	S	UR	S	NT	S	PL	S		UR	S	NT	S	PL	S
26/09/2015							3,2	♍ ♑							
27/09/2015							3,0	♍ ♑							
28/09/2015							2,8	♍ ♑							
29/09/2015							2,5	♍ ♑							
30/09/2015							2,3	♍ ♑							
01/10/2015							2,1	♍ ♑							
02/10/2015							1,9	♍ ♑							
03/10/2015							1,7	♍ ♑							
04/10/2015							1,5	♍ ♑							
05/10/2015							1,3	♍ ♑							
06/10/2015							1,1	♍ ♑							
07/10/2015							1,0	♍ ♑							
08/10/2015							0,8	♍ ♑							
09/10/2015							0,6	♍ ♑							
10/10/2015							0,4	♍ ♑							
11/10/2015							0,2	♍ ♑							
12/10/2015							0,0	♍ ♑							
13/10/2015							0,2	♍ ♑							
14/10/2015							0,4	♍ ♑							
15/10/2015							0,6	♍ ♑							
16/10/2015							0,7	♍ ♑							
17/10/2015							0,9	♍ ♑							
18/10/2015							1,1	♍ ♑							
19/10/2015							1,3	♍ ♑							
20/10/2015							1,4	♍ ♑							
21/10/2015							1,6	♍ ♑							
22/10/2015							1,8	♍ ♑							
23/10/2015							2,0	♍ ♑							
24/10/2015							2,1	♍ ♑							
25/10/2015							2,3	♍ ♑							
26/10/2015							2,5	♍ ♑							
27/10/2015							2,6	♍ ♑							
28/10/2015							2,8	♍ ♑							
29/10/2015							2,9	♍ ♑							
30/10/2015							3,1	♍ ♑							
31/10/2015							3,3	♍ ♑							
01/11/2015							3,4	♍ ♑							
02/11/2015							3,6	♍ ♑							
03/11/2015							3,7	♍ ♑							
04/11/2015							3,9	♍ ♑							
05/11/2015							4,0	♍ ♑							
06/11/2015							4,1	♍ ♑							
07/11/2015							4,3	♍ ♑							
08/11/2015							4,4	♍ ♑							
09/11/2015							4,6	♍ ♑							
10/11/2015							4,7	♍ ♑							
11/11/2015							4,8	♍ ♑							
12/11/2015							5,0	♍ ♑							
13/11/2015															
14/11/2015															
15/11/2015															
16/11/2015															
17/11/2015															
18/11/2015															
19/11/2015															
20/11/2015															
21/11/2015															
22/11/2015															
23/11/2015															
24/11/2015															
25/11/2015															
26/11/2015															
27/11/2015															
28/11/2015															
29/11/2015															
30/11/2015															
01/12/2015															

TRIGONI GIOVE

	ST	S	UR	S	NT	S	PL	S
02/12/2015								
03/12/2015								
04/12/2015								
05/12/2015								
06/12/2015								
07/12/2015								
08/12/2015								
09/12/2015								
10/12/2015								
11/12/2015								
12/12/2015								
13/12/2015								
14/12/2015								
15/12/2015								
16/12/2015								
17/12/2015								
18/12/2015								
19/12/2015								
20/12/2015								
21/12/2015								
22/12/2015								
23/12/2015								
24/12/2015								
25/12/2015								
26/12/2015								
27/12/2015								
28/12/2015								
29/12/2015								
30/12/2015								
31/12/2015								
01/01/2016								

TRIGONI SATURNO

UR	S	NT	S	PL	S

	TRIGONI URANO				TRIGONI NETTUNO	
	NT	S	PL	S	PL	S
01/01/2015						
02/01/2015						
03/01/2015						
04/01/2015						
05/01/2015						
06/01/2015						
07/01/2015						
08/01/2015						
09/01/2015						
10/01/2015						
11/01/2015						
12/01/2015						
13/01/2015						
14/01/2015						
15/01/2015						
16/01/2015						
17/01/2015						
18/01/2015						
19/01/2015						
20/01/2015						
21/01/2015						
22/01/2015						
23/01/2015						
24/01/2015						
25/01/2015						
26/01/2015						
27/01/2015						
28/01/2015						
29/01/2015						
30/01/2015						
31/01/2015						
01/02/2015						
02/02/2015						
03/02/2015						
04/02/2015						
05/02/2015						
06/02/2015						
07/02/2015						
08/02/2015						
09/02/2015						
10/02/2015						
11/02/2015						
12/02/2015						
13/02/2015						
14/02/2015						
15/02/2015						
16/02/2015						
17/02/2015						
18/02/2015						
19/02/2015						
20/02/2015						
21/02/2015						
22/02/2015						
23/02/2015						
24/02/2015						
25/02/2015						
26/02/2015						
27/02/2015						
28/02/2015						
01/03/2015						
02/03/2015						
03/03/2015						
04/03/2015						
05/03/2015						
06/03/2015						
07/03/2015						
08/03/2015						

Data	TRIGONI URANO				TRIGONI NETTUNO	
	NT	S	PL	S	PL	S
09/03/2015						
10/03/2015						
11/03/2015						
12/03/2015						
13/03/2015						
14/03/2015						
15/03/2015						
16/03/2015						
17/03/2015						
18/03/2015						
19/03/2015						
20/03/2015						
21/03/2015						
22/03/2015						
23/03/2015						
24/03/2015						
25/03/2015						
26/03/2015						
27/03/2015						
28/03/2015						
29/03/2015						
30/03/2015						
31/03/2015						
01/04/2015						
02/04/2015						
03/04/2015						
04/04/2015						
05/04/2015						
06/04/2015						
07/04/2015						
08/04/2015						
09/04/2015						
10/04/2015						
11/04/2015						
12/04/2015						
13/04/2015						
14/04/2015						
15/04/2015						
16/04/2015						
17/04/2015						
18/04/2015						
19/04/2015						
20/04/2015						
21/04/2015						
22/04/2015						
23/04/2015						
24/04/2015						
25/04/2015						
26/04/2015						
27/04/2015						
28/04/2015						
29/04/2015						
30/04/2015						
01/05/2015						
02/05/2015						
03/05/2015						
04/05/2015						
05/05/2015						
06/05/2015						
07/05/2015						
08/05/2015						
09/05/2015						
10/05/2015						
11/05/2015						
12/05/2015						
13/05/2015						
14/05/2015						

	TRIGONI URANO				TRIGONI NETTUNO	
	NT	S	PL	S	PL	S
15/05/2015						
16/05/2015						
17/05/2015						
18/05/2015						
19/05/2015						
20/05/2015						
21/05/2015						
22/05/2015						
23/05/2015						
24/05/2015						
25/05/2015						
26/05/2015						
27/05/2015						
28/05/2015						
29/05/2015						
30/05/2015						
31/05/2015						
01/06/2015						
02/06/2015						
03/06/2015						
04/06/2015						
05/06/2015						
06/06/2015						
07/06/2015						
08/06/2015						
09/06/2015						
10/06/2015						
11/06/2015						
12/06/2015						
13/06/2015						
14/06/2015						
15/06/2015						
16/06/2015						
17/06/2015						
18/06/2015						
19/06/2015						
20/06/2015						
21/06/2015						
22/06/2015						
23/06/2015						
24/06/2015						
25/06/2015						
26/06/2015						
27/06/2015						
28/06/2015						
29/06/2015						
30/06/2015						
01/07/2015						
02/07/2015						
03/07/2015				*		
04/07/2015						
05/07/2015						
06/07/2015						
07/07/2015						
08/07/2015						
09/07/2015						
10/07/2015						
11/07/2015						
12/07/2015						
13/07/2015						
14/07/2015						
15/07/2015						
16/07/2015						
17/07/2015						
18/07/2015						
19/07/2015						
20/07/2015						

Data	TRIGONI URANO					TRIGONI NETTUNO	
	NT	S	PL	S		PL	S
21/07/2015							
22/07/2015							
23/07/2015							
24/07/2015							
25/07/2015							
26/07/2015							
27/07/2015							
28/07/2015							
29/07/2015							
30/07/2015							
31/07/2015							
01/08/2015							
02/08/2015							
03/08/2015							
04/08/2015							
05/08/2015							
06/08/2015							
07/08/2015							
08/08/2015							
09/08/2015							
10/08/2015							
11/08/2015							
12/08/2015							
13/08/2015							
14/08/2015							
15/08/2015							
16/08/2015							
17/08/2015							
18/08/2015							
19/08/2015							
20/08/2015							
21/08/2015							
22/08/2015							
23/08/2015							
24/08/2015							
25/08/2015							
26/08/2015							
27/08/2015							
28/08/2015							
29/08/2015							
30/08/2015							
31/08/2015							
01/09/2015							
02/09/2015							
03/09/2015							
04/09/2015							
05/09/2015							
06/09/2015							
07/09/2015							
08/09/2015							
09/09/2015							
10/09/2015							
11/09/2015							
12/09/2015							
13/09/2015							
14/09/2015							
15/09/2015							
16/09/2015							
17/09/2015							
18/09/2015							
19/09/2015							
20/09/2015							
21/09/2015							
22/09/2015							
23/09/2015							
24/09/2015							
25/09/2015							

	TRIGONI URANO				TRIGONI NETTUNO	
	NT	S	PL	S	PL	S
26/09/2015						
27/09/2015						
28/09/2015						
29/09/2015						
30/09/2015						
01/10/2015						
02/10/2015						
03/10/2015						
04/10/2015						
05/10/2015						
06/10/2015						
07/10/2015						
08/10/2015						
09/10/2015						
10/10/2015						
11/10/2015						
12/10/2015						
13/10/2015						
14/10/2015						
15/10/2015						
16/10/2015						
17/10/2015						
18/10/2015						
19/10/2015						
20/10/2015						
21/10/2015						
22/10/2015						
23/10/2015						
24/10/2015						
25/10/2015						
26/10/2015						
27/10/2015						
28/10/2015						
29/10/2015						
30/10/2015						
31/10/2015						
01/11/2015						
02/11/2015						
03/11/2015						
04/11/2015						
05/11/2015						
06/11/2015						
07/11/2015						
08/11/2015						
09/11/2015						
10/11/2015						
11/11/2015						
12/11/2015						
13/11/2015						
14/11/2015						
15/11/2015						
16/11/2015						
17/11/2015						
18/11/2015						
19/11/2015						
20/11/2015						
21/11/2015						
22/11/2015						
23/11/2015						
24/11/2015						
25/11/2015						
26/11/2015						
27/11/2015						
28/11/2015						
29/11/2015						
30/11/2015						
01/12/2015						

	TRIGONI URANO				TRIGONI NETTUNO	
	NT	S	PL	S	PL	S
02/12/2015						
03/12/2015						
04/12/2015						
05/12/2015						
06/12/2015						
07/12/2015						
08/12/2015						
09/12/2015						
10/12/2015						
11/12/2015						
12/12/2015						
13/12/2015						
14/12/2015						
15/12/2015						
16/12/2015						
17/12/2015						
18/12/2015						
19/12/2015						
20/12/2015						
21/12/2015						
22/12/2015						
23/12/2015						
24/12/2015						
25/12/2015						
26/12/2015						
27/12/2015						
28/12/2015						
29/12/2015						
30/12/2015						
31/12/2015						
01/01/2016						

QUADRATURE SOLE

	LN	S	MT	S	GV	S	ST	S	UR	S	NT	S	PL	S
01/01/2015									2,4	♑♈				
02/01/2015									1,4	♑♈				
03/01/2015									0,4	♑♈				
04/01/2015									0,6	♑♈				
05/01/2015									1,7	♑♈				
06/01/2015									2,7	♑♈				
07/01/2015									3,7	♑♈				
08/01/2015									4,7	♑♈				
09/01/2015														
10/01/2015														
11/01/2015														
12/01/2015														
13/01/2015	4,5	♑♎												
14/01/2015	6,7	♑♏												
15/01/2015														
16/01/2015														
17/01/2015														
18/01/2015														
19/01/2015														
20/01/2015														
21/01/2015														
22/01/2015														
23/01/2015														
24/01/2015														
25/01/2015														
26/01/2015														
27/01/2015	2,5	♒♉												
28/01/2015	9,9	♒♉												
29/01/2015														
30/01/2015														
31/01/2015														
01/02/2015														
02/02/2015														
03/02/2015														
04/02/2015														
05/02/2015														
06/02/2015														
07/02/2015														
08/02/2015														
09/02/2015														
10/02/2015														
11/02/2015														
12/02/2015	1,9	♒♏												
13/02/2015	10,0	♒♐												
14/02/2015														
15/02/2015														
16/02/2015														
17/02/2015														
18/02/2015														
19/02/2015							4,5	♓♐						
20/02/2015							3,5	♓♐						
21/02/2015							2,5	♓♐						
22/02/2015							1,5	♓♐						
23/02/2015							0,6	♓♐						
24/02/2015							0,4	♓♐						
25/02/2015	8,8	♓♉					1,4	♓♐						
26/02/2015	3,4	♓♊					2,4	♓♐						
27/02/2015							3,3	♓♐						
28/02/2015							4,3	♓♐						
01/03/2015														
02/03/2015														
03/03/2015														
04/03/2015														
05/03/2015														
06/03/2015														
07/03/2015														
08/03/2015														

QUADRATURE SOLE

Data	LN	S	MT	S	GV	S	ST	S	UR	S	NT	S	PL	S
09/03/2015														
10/03/2015														
11/03/2015														
12/03/2015														
13/03/2015	9,0	♓♐												
14/03/2015	3,2	♓♐												
15/03/2015														
16/03/2015														
17/03/2015														
18/03/2015														
19/03/2015														
20/03/2015														
21/03/2015														
22/03/2015														
23/03/2015														
24/03/2015														
25/03/2015														
26/03/2015														
27/03/2015	3,7	♈♋												
28/03/2015	7,8	♈♋												
29/03/2015														
30/03/2015														
31/03/2015														
01/04/2015													4,5	♈♎
02/04/2015													3,6	♈♎
03/04/2015													2,6	♈♎
04/04/2015													1,6	♈♎
05/04/2015													0,6	♈♎
06/04/2015													0,4	♈♎
07/04/2015													1,3	♈♎
08/04/2015													2,3	♈♎
09/04/2015													3,3	♈♎
10/04/2015													4,3	♈♎
11/04/2015														
12/04/2015	2,0	♈♑												
13/04/2015														
14/04/2015														
15/04/2015														
16/04/2015														
17/04/2015														
18/04/2015														
19/04/2015														
20/04/2015														
21/04/2015														
22/04/2015														
23/04/2015														
24/04/2015														
25/04/2015														
26/04/2015	0,0	♉♌												
27/04/2015														
28/04/2015														
29/04/2015						4,8	♉♌							
30/04/2015						3,9	♉♌							
01/05/2015						3,0	♉♌							
02/05/2015						2,1	♉♌							
03/05/2015						1,2	♉♌							
04/05/2015						0,3	♉♌							
05/05/2015						0,6	♉♌							
06/05/2015						1,4	♉♌							
07/05/2015						2,3	♉♌							
08/05/2015						3,2	♉♌							
09/05/2015						4,1	♉♌							
10/05/2015						5,0	♉♌							
11/05/2015	5,8	♉♒												
12/05/2015	7,3	♉♒												
13/05/2015														
14/05/2015														

QUADRATURE SOLE

Data	LN	S	MT	S	GV	S	ST	S	UR	S	NT	S	PL	S
15/05/2015														
16/05/2015														
17/05/2015														
18/05/2015														
19/05/2015														
20/05/2015														
21/05/2015														
22/05/2015														
23/05/2015														
24/05/2015														
25/05/2015	7,9	♊♌												
26/05/2015	3,0	♊♍												
27/05/2015											4,3	♊♓		
28/05/2015											3,4	♊♓		
29/05/2015											2,4	♊♓		
30/05/2015											1,5	♊♓		
31/05/2015											0,5	♊♓		
01/06/2015											0,4	♊♓		
02/06/2015											1,4	♊♓		
03/06/2015											2,3	♊♓		
04/06/2015											3,3	♊♓		
05/06/2015											4,2	♊♓		
06/06/2015														
07/06/2015														
08/06/2015														
09/06/2015	8,6	♊♓												
10/06/2015	4,6	♊♓												
11/06/2015														
12/06/2015														
13/06/2015														
14/06/2015														
15/06/2015														
16/06/2015														
17/06/2015														
18/06/2015														
19/06/2015														
20/06/2015														
21/06/2015														
22/06/2015														
23/06/2015														
24/06/2015	5,0	♋♍												
25/06/2015	5,9	♋♎												
26/06/2015														
27/06/2015														
28/06/2015														
29/06/2015														
30/06/2015														
01/07/2015														
02/07/2015														
03/07/2015														
04/07/2015														
05/07/2015														
06/07/2015														
07/07/2015														
08/07/2015										4,8	♋♈			
09/07/2015	2,0	♋♈								3,9	♋♈			
10/07/2015										2,9	♋♈			
11/07/2015										2,0	♋♈			
12/07/2015										1,1	♋♈			
13/07/2015										0,1	♋♈			
14/07/2015										0,8	♋♈			
15/07/2015										1,8	♋♈			
16/07/2015										2,7	♋♈			
17/07/2015										3,7	♋♈			
18/07/2015										4,6	♋♈			
19/07/2015														
20/07/2015														

QUADRATURE SOLE

Date	LN	S	MT	S	GV	S	ST	S	UR	S	NT	S	PL	S
21/07/2015														
22/07/2015														
23/07/2015														
24/07/2015	1,9	♌♎												
25/07/2015	9,3	♌♏												
26/07/2015														
27/07/2015														
28/07/2015														
29/07/2015														
30/07/2015														
31/07/2015														
01/08/2015														
02/08/2015														
03/08/2015														
04/08/2015														
05/08/2015														
06/08/2015														
07/08/2015	1,1	♌♉												
08/08/2015														
09/08/2015														
10/08/2015														
11/08/2015														
12/08/2015														
13/08/2015														
14/08/2015														
15/08/2015														
16/08/2015														
17/08/2015								4,7	♌♏					
18/08/2015								3,7	♌♏					
19/08/2015								2,8	♌♏					
20/08/2015								1,9	♌♏					
21/08/2015								0,9	♌♏					
22/08/2015	9,2	♌♏						0,0	♌♏					
23/08/2015	2,2	♌♐						0,9	♌♏					
24/08/2015								1,9	♍♏					
25/08/2015								2,8	♍♏					
26/08/2015								3,7	♍♏					
27/08/2015								4,7	♍♏					
28/08/2015														
29/08/2015														
30/08/2015														
31/08/2015														
01/09/2015														
02/09/2015														
03/09/2015														
04/09/2015														
05/09/2015	5,2	♍♊												
06/09/2015	7,3	♍♊												
07/09/2015														
08/09/2015														
09/09/2015														
10/09/2015														
11/09/2015														
12/09/2015														
13/09/2015														
14/09/2015														
15/09/2015														
16/09/2015														
17/09/2015														
18/09/2015														
19/09/2015														
20/09/2015														
21/09/2015	4,5	♍♐												
22/09/2015	7,6	♍♑												
23/09/2015														
24/09/2015														
25/09/2015														

QUADRATURE SOLE

	LN	S	MT	S	GV	S	ST	S	UR	S	NT	S	PL	S
26/09/2015														
27/09/2015														
28/09/2015														
29/09/2015														
30/09/2015														
01/10/2015														
02/10/2015													4,5	♎♎
03/10/2015													3,5	♎♎
04/10/2015													2,5	♎♎
05/10/2015	1,4	♎♋											1,6	♎♎
06/10/2015													0,6	♎♎
07/10/2015													0,4	♎♎
08/10/2015													1,4	♎♎
09/10/2015													2,4	♎♎
10/10/2015													3,3	♎♎
11/10/2015													4,3	♎♍
12/10/2015														
13/10/2015														
14/10/2015														
15/10/2015														
16/10/2015														
17/10/2015														
18/10/2015														
19/10/2015														
20/10/2015														
21/10/2015	1,8	♎♑												
22/10/2015														
23/10/2015														
24/10/2015														
25/10/2015														
26/10/2015														
27/10/2015														
28/10/2015														
29/10/2015														
30/10/2015														
31/10/2015														
01/11/2015														
02/11/2015														
03/11/2015	5,9	♏♌												
04/11/2015	5,5	♏♌												
05/11/2015														
06/11/2015														
07/11/2015														
08/11/2015														
09/11/2015														
10/11/2015														
11/11/2015														
12/11/2015														
13/11/2015														
14/11/2015														
15/11/2015														
16/11/2015														
17/11/2015														
18/11/2015														
19/11/2015	3,4	♏♒												
20/11/2015	9,4	♏♓												
21/11/2015														
22/11/2015														
23/11/2015														
24/11/2015														
25/11/2015													4,6	♐♓
26/11/2015													3,6	♐♓
27/11/2015													2,6	♐♓
28/11/2015													1,6	♐♓
29/11/2015													0,6	♐♓
30/11/2015													0,4	♐♓
01/12/2015													1,4	♐♓

QUADRATURE SOLE

	LN	S	MT	S	GV	S	ST	S	UR	S	NT	S	PL	S
02/12/2015											2,4	♐♓		
03/12/2015	3,5	♐♍									3,4	♐♓		
04/12/2015	7,4	♐♍									4,4	♐♓		
05/12/2015														
06/12/2015														
07/12/2015														
08/12/2015														
09/12/2015														
10/12/2015					4,3	♐♍								
11/12/2015					3,4	♐♍								
12/12/2015					2,5	♐♍								
13/12/2015					1,5	♐♍								
14/12/2015					0,6	♐♍								
15/12/2015					0,4	♐♍								
16/12/2015					1,3	♐♍								
17/12/2015					2,2	♐♍								
18/12/2015	8,2	♐♓			3,2	♐♍								
19/12/2015	4,8	♐♈			4,1	♐♍								
20/12/2015														
21/12/2015														
22/12/2015														
23/12/2015														
24/12/2015														
25/12/2015														
26/12/2015														
27/12/2015														
28/12/2015														
29/12/2015														
30/12/2015														
31/12/2015														
01/01/2016														

QUADRATURE LUNA

Data	MC	S	VE	S	MT	S	GV	S	ST	S	UR	S	NT	S	PL	S
01/01/2015					0,4	♉︎♒︎	1,1	♉︎♌︎								
02/01/2015													1,7	♊︎♓︎		
03/01/2015																
04/01/2015																
05/01/2015											0,7	♋︎♈︎				
06/01/2015																
07/01/2015																
08/01/2015																
09/01/2015									1,1	♍︎♐︎						
10/01/2015																
11/01/2015																
12/01/2015															7,6	♎︎♑︎
13/01/2015															4,4	♎︎♑︎
14/01/2015																
15/01/2015	0,7	♏︎♒︎	1,6	♏︎♒︎			7,8	♏︎♌︎								
16/01/2015					7,2	♏︎♓︎	5,2	♏︎♌︎								
17/01/2015					5,4	♐︎♓︎							3,1	♐︎♓︎		
18/01/2015																
19/01/2015											5,7	♑︎♈︎				
20/01/2015											9,0	♑︎♈︎				
21/01/2015																
22/01/2015																
23/01/2015									4,1	♓︎♐︎						
24/01/2015																
25/01/2015															7,7	♈︎♑︎
26/01/2015															6,4	♈︎♑︎
27/01/2015																
28/01/2015	4,2	♉︎♒︎					1,3	♉︎♌︎								
29/01/2015			1,0	♊︎♓︎									5,5	♊︎♓︎		
30/01/2015					0,1	♊︎♓︎							7,4	♊︎♓︎		
31/01/2015																
01/02/2015											4,5	♋︎♈︎				
02/02/2015											7,7	♋︎♈︎				
03/02/2015																
04/02/2015																
05/02/2015									6,6	♌︎♐︎						
06/02/2015									5,2	♍︎♐︎						
07/02/2015																
08/02/2015																
09/02/2015															0,0	♎︎♑︎
10/02/2015	5,0	♎︎♒︎														
11/02/2015	7,3	♏︎♒︎					8,5	♏︎♌︎								
12/02/2015							4,1	♏︎♌︎								
13/02/2015													2,9	♐︎♓︎		
14/02/2015			4,4	♐︎♓︎	8,2	♐︎♓︎										
15/02/2015			8,1	♑︎♓︎	4,8	♑︎♓︎										
16/02/2015											1,3	♑︎♈︎				
17/02/2015																
18/02/2015																
19/02/2015									4,3	♓︎♐︎						
20/02/2015																
21/02/2015																
22/02/2015															0,5	♈︎♑︎
23/02/2015	7,6	♈︎♒︎														
24/02/2015	5,4	♉︎♒︎					1,7	♉︎♌︎								
25/02/2015													9,9	♉︎♓︎		
26/02/2015													3,2	♊︎♓︎		
27/02/2015																
28/02/2015			3,0	♋︎♈︎	0,3	♋︎♈︎					8,6	♋︎♈︎				
01/03/2015			8,1	♋︎♈︎							3,6	♋︎♈︎				
02/03/2015																
03/03/2015																
04/03/2015																
05/03/2015									1,1	♍︎♐︎						
06/03/2015																
07/03/2015																
08/03/2015															3,7	♎︎♑︎

QUADRATURE LUNA

Date	MC	S	VE	S	MT	S	GV	S	ST	S	UR	S	NT	S	PL	S
09/03/2015															8,2	♎♑
10/03/2015							8,5	♏♌								
11/03/2015	9,1	♏♒					3,9	♏♌								
12/03/2015	2,0	♐♒											7,5	♐♓		
13/03/2015													5,3	♐♓		
14/03/2015																
15/03/2015					7,7	♑♈					5,3	♑♈				
16/03/2015			4,4	♑♈	5,6	♑♈					8,7	♑♈				
17/03/2015			8,9	♒♈												
18/03/2015																
19/03/2015									3,3	♓♐						
20/03/2015																
21/03/2015															6,8	♈♑
22/03/2015															8,1	♈♑
23/03/2015							5,0	♉♌								
24/03/2015							9,3	♉♌								
25/03/2015													2,2	♊♓		
26/03/2015	1,5	♊♓														
27/03/2015	9,7	♋♓														
28/03/2015											1,1	♋♈				
29/03/2015					0,9	♋♈										
30/03/2015			6,0	♌♉												
31/03/2015			4,8	♌♉												
01/04/2015									1,8	♍♐						
02/04/2015																
03/04/2015																
04/04/2015															7,1	♎♑
05/04/2015															4,9	♎♑
06/04/2015																
07/04/2015							2,2	♏♌								
08/04/2015																
09/04/2015													1,3	♐♓		
10/04/2015																
11/04/2015																
12/04/2015	4,0	♑♈									3,0	♑♈				
13/04/2015	7,8	♒♈			5,4	♒♉										
14/04/2015					8,0	♒♉										
15/04/2015			1,6	♓♊					1,8	♓♐						
16/04/2015																
17/04/2015																
18/04/2015															1,2	♈♑
19/04/2015																
20/04/2015							3,3	♉♌								
21/04/2015													8,8	♊♓		
22/04/2015													5,0	♊♓		
23/04/2015																
24/04/2015											6,9	♋♈				
25/04/2015											5,7	♋♈				
26/04/2015																
27/04/2015	6,1	♌♉			1,7	♌♉										
28/04/2015	4,2	♌♉			9,5	♌♉			4,0	♌♐						
29/04/2015			8,7	♍♊					7,9	♍♐						
30/04/2015			1,9	♍♊												
01/05/2015																
02/05/2015															1,4	♎♑
03/05/2015																
04/05/2015							2,1	♏♌								
05/05/2015																
06/05/2015													2,6	♐♓		
07/05/2015																
08/05/2015																
09/05/2015											1,6	♑♈				
10/05/2015																
11/05/2015																
12/05/2015					1,6	♒♉			4,2	♒♐						
13/05/2015	0,9	♓♊														
14/05/2015			9,8	♓♋												

QUADRATURE LUNA

Date	MC	S	VE	S	MT	S	GV	S	ST	S	UR	S	NT	S	PL	S
15/05/2015			3,6	♈♋											4,1	♈♑
16/05/2015																
17/05/2015							4,6	♉♌								
18/05/2015							9,6	♉♌								
19/05/2015													1,2	♊♓		
20/05/2015																
21/05/2015																
22/05/2015											0,3	♋♈				
23/05/2015																
24/05/2015																
25/05/2015									5,9	♌♐						
26/05/2015	4,0	♍♊			2,3	♍♊			6,1	♍♐						
27/05/2015	8,3	♍♊			8,9	♍♊										
28/05/2015																
29/05/2015			9,4	♎♋											2,1	♎♑
30/05/2015			1,7	♎♋												
31/05/2015							9,1	♏♌								
01/06/2015							3,4	♏♌								
02/06/2015													6,9	♐♓		
03/06/2015													6,3	♐♓		
04/06/2015																
05/06/2015											6,3	♑♈				
06/06/2015											7,6	♑♈				
07/06/2015																
08/06/2015	10,0	♒♊							5,3	♒♐						
09/06/2015	4,4	♓♊							8,8	♓♐						
10/06/2015					3,3	♓♊										
11/06/2015													7,4	♈♑		
12/06/2015													6,8	♈♑		
13/06/2015			1,2	♉♌												
14/06/2015							1,1	♉♌								
15/06/2015													6,3	♊♓		
16/06/2015													7,4	♊♓		
17/06/2015																
18/06/2015											6,1	♋♈				
19/06/2015											6,7	♋♈				
20/06/2015																
21/06/2015									8,2	♌♏						
22/06/2015	4,9	♍♊							3,9	♍♏						
23/06/2015	6,2	♍♊														
24/06/2015					2,4	♍♊										
25/06/2015					8,7	♎♋									5,5	♎♑
26/06/2015															6,4	♎♑
27/06/2015																
28/06/2015			3,8	♏♌			5,5	♏♌								
29/06/2015			8,2	♏♌			7,0	♏♌								
30/06/2015													1,6	♐♓		
01/07/2015																
02/07/2015																
03/07/2015											2,4	♑♈				
04/07/2015																
05/07/2015									7,5	♒♏						
06/07/2015									6,9	♓♏						
07/07/2015	6,8	♓♊														
08/07/2015	5,8	♈♊			4,6	♈♋									9,9	♈♑
09/07/2015					8,8	♈♋									4,3	♈♑
10/07/2015																
11/07/2015							7,3	♉♌								
12/07/2015			2,2	♉♌			6,2	♉♌					9,7	♉♓		
13/07/2015													3,7	♊♓		
14/07/2015																
15/07/2015																
16/07/2015											2,0	♋♈				
17/07/2015																
18/07/2015																
19/07/2015									1,2	♌♏						
20/07/2015																

QUADRATURE LUNA

	MC	S	VE	S	MT	S	GV	S	ST	S	UR	S	NT	S	PL	S
21/07/2015																
22/07/2015															8,7	♎♑
23/07/2015					1,9	♎♋									3,2	♎♑
24/07/2015	2,1	♎♌			9,4	♎♋										
25/07/2015	7,9	♏♌														
26/07/2015			7,3	♏♍			3,1	♏♌								
27/07/2015			5,5	♐♍			9,5	♐♌					3,1	♐♓		
28/07/2015																
29/07/2015																
30/07/2015													3,5	♑♈		
31/07/2015																
01/08/2015																
02/08/2015									2,6	♓♏						
03/08/2015																
04/08/2015																
05/08/2015															1,3	♈♑
06/08/2015					1,1	♈♋										
07/08/2015																
08/08/2015	3,5	♉♍	0,4	♉♌			2,5	♉♌								
09/08/2015	8,1	♊♍											1,2	♊♓		
10/08/2015																
11/08/2015																
12/08/2015											1,3	♋♈				
13/08/2015																
14/08/2015																
15/08/2015									2,3	♌♏						
16/08/2015									9,7	♍♏						
17/08/2015																
18/08/2015																
19/08/2015															0,2	♎♑
20/08/2015																
21/08/2015					0,5	♏♌										
22/08/2015			0,4	♏♌												
23/08/2015							0,8	♐♍					6,9	♐♓		
24/08/2015													5,8	♐♓		
25/08/2015	1,0	♐♍														
26/08/2015											9,0	♑♈				
27/08/2015											5,1	♑♈				
28/08/2015																
29/08/2015							4,4	♒♏								
30/08/2015																
31/08/2015																
01/09/2015															3,5	♈♑
02/09/2015																
03/09/2015			5,6	♉♌	7,0	♉♌										
04/09/2015			8,7	♉♌	6,5	♉♌										
05/09/2015							1,6	♊♍					1,3	♊♓		
06/09/2015																
07/09/2015	7,5	♋♎														
08/09/2015	4,4	♋♎									3,6	♋♈				
09/09/2015											8,9	♋♈				
10/09/2015																
11/09/2015									6,5	♌♏						
12/09/2015									5,4	♍♏						
13/09/2015																
14/09/2015																
15/09/2015															2,5	♎♑
16/09/2015															9,3	♎♑
17/09/2015																
18/09/2015			0,8	♏♌	9,5	♏♌										
19/09/2015					2,0	♏♌							9,7	♏♓		
20/09/2015							2,0	♐♍					2,7	♐♓		
21/09/2015																
22/09/2015	8,6	♑♎														
23/09/2015	5,4	♑♎									0,5	♑♈				
24/09/2015																
25/09/2015																

QUADRATURE LUNA

	MC	S	VE	S	MT	S	GV	S	ST	S	UR	S	NT	S	PL	S
26/09/2015									2,1	♓♐						
27/09/2015																
28/09/2015																
29/09/2015																5,1	♈♑
30/09/2015																
01/10/2015			6,2	♉♌												
02/10/2015			7,5	♊♌	2,0	♊♍	8,7	♊♍					5,3	♊♓		
03/10/2015							5,0	♊♍					8,7	♊♓		
04/10/2015	3,8	♊♎														
05/10/2015											5,9	♋♈				
06/10/2015											6,8	♋♈				
07/10/2015																
08/10/2015																
09/10/2015									0,3	♍♐						
10/10/2015																
11/10/2015																
12/10/2015																5,6	♎♑
13/10/2015																6,2	♎♑
14/10/2015																
15/10/2015																
16/10/2015																
17/10/2015			0,3	♐♍	6,1	♐♍	6,5	♐♍					0,2	♐♓		
18/10/2015					5,8	♐♍	5,8	♐♍								
19/10/2015	5,0	♑♎														
20/10/2015	6,7	♑♎									2,4	♑♈				
21/10/2015																
22/10/2015																
23/10/2015									6,3	♒♐						
24/10/2015									8,1	♓♐						
25/10/2015																
26/10/2015																2,2	♈♑
27/10/2015																
28/10/2015																
29/10/2015																
30/10/2015			9,2	♊♍			5,8	♊♍					3,5	♊♓		
31/10/2015			3,9	♊♍	2,6	♊♍	8,2	♊♍								
01/11/2015											9,3	♋♈				
02/11/2015	7,9	♋♎									3,9	♋♈				
03/11/2015	3,1	♌♏														
04/11/2015																
05/11/2015									5,7	♌♐						
06/11/2015									6,1	♍♐						
07/11/2015																
08/11/2015																9,2	♎♑
09/11/2015																2,6	♎♑
10/11/2015																
11/11/2015																
12/11/2015																
13/11/2015														2,5	♐♓		
14/11/2015							1,7	♐♍								
15/11/2015			7,1	♐♎	1,4	♐♎										
16/11/2015			4,7	♑♎							4,5	♑♈				
17/11/2015											8,7	♑♈				
18/11/2015																
19/11/2015	4,2	♒♏														
20/11/2015	8,1	♓♏							0,5	♓♐						
21/11/2015																
22/11/2015																8,5	♈♑
23/11/2015																6,1	♈♑
24/11/2015																
25/11/2015																
26/11/2015														2,9	♊♓		
27/11/2015							2,0	♊♍								
28/11/2015					6,4	♋♎										
29/11/2015			6,5	♋♎	6,7	♋♎					0,5	♋♈				
30/11/2015			5,6	♋♎												
01/12/2015																

QUADRATURE LUNA

	MC	S	VE	S	MT	S	GV	S	ST	S	UR	S	NT	S	PL	S
02/12/2015																
03/12/2015									0,8	♍︎♐︎						
04/12/2015	1,7	♍︎♐︎														
05/12/2015	8,6	♎︎♐︎														
06/12/2015															1,7	♎︎♑︎
07/12/2015																
08/12/2015																
09/12/2015																
10/12/2015													6,3	♐︎♓︎		
11/12/2015							8,5	♐︎♍︎					6,3	♐︎♓︎		
12/12/2015							4,2	♐︎♍︎								
13/12/2015					8,4	♑︎♎︎					7,2	♑︎♈︎				
14/12/2015					4,4	♑︎♎︎					6,1	♑︎♈︎				
15/12/2015			5,4	♒︎♏︎												
16/12/2015			7,0	♒︎♏︎												
17/12/2015									5,9	♓︎♐︎						
18/12/2015									7,9	♓︎♐︎						
19/12/2015																
20/12/2015	0,7	♈︎♑︎													1,0	♈︎♑︎
21/12/2015																
22/12/2015																
23/12/2015													8,9	♉︎♓︎		
24/12/2015													5,4	♊︎♓︎		
25/12/2015							3,9	♊︎♍︎								
26/12/2015											5,9	♋︎♈︎				
27/12/2015					1,6	♋︎♎︎					7,6	♋︎♈︎				
28/12/2015																
29/12/2015			8,3	♌︎♏︎												
30/12/2015			3,0	♍︎♏︎					8,3	♍︎♐︎						
31/12/2015									3,7	♍︎♐︎						
01/01/2016																

QUADRATURE MERCURIO

Date	MT	S	GV	S	ST	S	UR	S	NT	S	PL	S
01/01/2015												
02/01/2015												
03/01/2015												
04/01/2015												
05/01/2015												
06/01/2015												
07/01/2015												
08/01/2015												
09/01/2015												
10/01/2015												
11/01/2015												
12/01/2015												
13/01/2015												
14/01/2015												
15/01/2015												
16/01/2015												
17/01/2015												
18/01/2015												
19/01/2015												
20/01/2015												
21/01/2015												
22/01/2015												
23/01/2015												
24/01/2015												
25/01/2015												
26/01/2015												
27/01/2015												
28/01/2015												
29/01/2015												
30/01/2015												
31/01/2015												
01/02/2015												
02/02/2015												
03/02/2015												
04/02/2015												
05/02/2015												
06/02/2015												
07/02/2015												
08/02/2015												
09/02/2015												
10/02/2015												
11/02/2015												
12/02/2015												
13/02/2015												
14/02/2015												
15/02/2015												
16/02/2015												
17/02/2015												
18/02/2015												
19/02/2015												
20/02/2015												
21/02/2015												
22/02/2015												
23/02/2015												
24/02/2015												
25/02/2015												
26/02/2015												
27/02/2015												
28/02/2015												
01/03/2015												
02/03/2015												
03/03/2015												
04/03/2015												
05/03/2015												
06/03/2015												
07/03/2015												
08/03/2015												

QUADRATURE MERCURIO

Date	MT	S	GV	S	ST	S	UR	S	NT	S	PL	S
09/03/2015												
10/03/2015												
11/03/2015												
12/03/2015												
13/03/2015												
14/03/2015					3,7	♓♐						
15/03/2015					2,2	♓♐						
16/03/2015					0,6	♓♐						
17/03/2015					0,9	♓♐						
18/03/2015					2,5	♓♐						
19/03/2015					4,1	♓♐						
20/03/2015												
21/03/2015												
22/03/2015												
23/03/2015												
24/03/2015												
25/03/2015												
26/03/2015												
27/03/2015												
28/03/2015												
29/03/2015												
30/03/2015												
31/03/2015												
01/04/2015												
02/04/2015												
03/04/2015												
04/04/2015												
05/04/2015												
06/04/2015											4,0	♈♑
07/04/2015											2,0	♈♑
08/04/2015											0,0	♈♑
09/04/2015											2,0	♈♑
10/04/2015											4,1	♈♑
11/04/2015												
12/04/2015												
13/04/2015												
14/04/2015												
15/04/2015												
16/04/2015												
17/04/2015												
18/04/2015												
19/04/2015			4,3	♉♌								
20/04/2015			2,3	♉♌								
21/04/2015			0,3	♉♌								
22/04/2015			1,6	♉♌								
23/04/2015			3,5	♉♌								
24/04/2015												
25/04/2015												
26/04/2015												
27/04/2015												
28/04/2015												
29/04/2015												
30/04/2015												
01/05/2015												
02/05/2015												
03/05/2015												
04/05/2015												
05/05/2015									4,4	♊♓		
06/05/2015									3,3	♊♓		
07/05/2015									2,3	♊♓		
08/05/2015									1,4	♊♓		
09/05/2015									0,5	♊♓		
10/05/2015									0,2	♊♓		
11/05/2015									0,9	♊♓		
12/05/2015									1,5	♊♓		
13/05/2015									2,1	♊♓		
14/05/2015									2,5	♊♓		

QUADRATURE MERCURIO

	MT	S	GV	S	ST	S	UR	S	NT	S	PL	S
15/05/2015									2,9	II)(		
16/05/2015									3,2	II)(		
17/05/2015									3,3	II)(		
18/05/2015									3,5	II)(		
19/05/2015									3,5	II)(		
20/05/2015									3,4	II)(		
21/05/2015									3,3	II)(		
22/05/2015									3,1	II)(		
23/05/2015									2,9	II)(		
24/05/2015									2,5	II)(		
25/05/2015									2,1	II)(		
26/05/2015									1,7	II)(		
27/05/2015									1,2	II)(		
28/05/2015									0,7	II)(		
29/05/2015									0,2	II)(		
30/05/2015									0,4	II)(		
31/05/2015									1,0	II)(		
01/06/2015									1,5	II)(		
02/06/2015									2,1	II)(		
03/06/2015									2,6	II)(		
04/06/2015									3,1	II)(		
05/06/2015									3,6	II)(		
06/06/2015									4,0	II)(		
07/06/2015									4,4	II)(		
08/06/2015									4,7	II)(		
09/06/2015									4,9	II)(		
10/06/2015												
11/06/2015												
12/06/2015												
13/06/2015												
14/06/2015												
15/06/2015									4,9	II)(		
16/06/2015									4,6	II)(		
17/06/2015									4,3	II)(		
18/06/2015									3,9	II)(		
19/06/2015									3,4	II)(		
20/06/2015									2,8	II)(		
21/06/2015									2,1	II)(		
22/06/2015									1,4	II)(		
23/06/2015									0,6	II)(		
24/06/2015									0,2	II)(		
25/06/2015									1,1	II)(		
26/06/2015									2,1	II)(		
27/06/2015									3,2	II)(		
28/06/2015									4,3	II)(		
29/06/2015												
30/06/2015												
01/07/2015												
02/07/2015												
03/07/2015												
04/07/2015												
05/07/2015												
06/07/2015												
07/07/2015												
08/07/2015												
09/07/2015												
10/07/2015												
11/07/2015												
12/07/2015												
13/07/2015												
14/07/2015												
15/07/2015												
16/07/2015												
17/07/2015									4,3	⊙Υ		
18/07/2015									2,2	⊙Υ		
19/07/2015									0,1	⊙Υ		
20/07/2015									2,0	⊙Υ		

QUADRATURE MERCURIO

	MT	S	GV	S	ST	S	UR	S	NT	S	PL	S
21/07/2015							4,2	♋♈				
22/07/2015												
23/07/2015												
24/07/2015												
25/07/2015												
26/07/2015												
27/07/2015												
28/07/2015												
29/07/2015												
30/07/2015												
31/07/2015												
01/08/2015												
02/08/2015												
03/08/2015												
04/08/2015												
05/08/2015						3,3	♌♏					
06/08/2015						1,5	♌♏					
07/08/2015						0,3	♌♏					
08/08/2015						2,0	♍♏					
09/08/2015						3,8	♍♏					
10/08/2015												
11/08/2015												
12/08/2015												
13/08/2015												
14/08/2015												
15/08/2015												
16/08/2015												
17/08/2015												
18/08/2015												
19/08/2015												
20/08/2015												
21/08/2015												
22/08/2015												
23/08/2015												
24/08/2015												
25/08/2015												
26/08/2015												
27/08/2015												
28/08/2015												
29/08/2015												
30/08/2015												
31/08/2015												
01/09/2015												
02/09/2015												
03/09/2015												
04/09/2015											4,9	♎♑
05/09/2015											3,9	♎♑
06/09/2015											3,0	♎♑
07/09/2015											2,1	♎♑
08/09/2015											1,3	♎♑
09/09/2015											0,6	♎♑
10/09/2015											0,1	♎♑
11/09/2015											0,8	♎♑
12/09/2015											1,3	♎♑
13/09/2015											1,8	♎♑
14/09/2015											2,2	♎♑
15/09/2015											2,5	♎♑
16/09/2015											2,8	♎♑
17/09/2015											2,9	♎♑
18/09/2015											2,9	♎♑
19/09/2015											2,9	♎♑
20/09/2015											2,7	♎♑
21/09/2015											2,4	♎♑
22/09/2015											1,9	♎♑
23/09/2015											1,4	♎♑
24/09/2015											0,7	♎♑
25/09/2015											0,1	♎♑

QUADRATURE MERCURIO

	MT	S	GV	S	ST	S	UR	S	NT	S	PL	S
26/09/2015											0,9	♎♑
27/09/2015											1,9	♎♑
28/09/2015											2,9	♎♑
29/09/2015											4,0	♎♑
30/09/2015												
01/10/2015												
02/10/2015												
03/10/2015												
04/10/2015												
05/10/2015												
06/10/2015												
07/10/2015												
08/10/2015												
09/10/2015												
10/10/2015												
11/10/2015												
12/10/2015												
13/10/2015												
14/10/2015												
15/10/2015												
16/10/2015												
17/10/2015												
18/10/2015												
19/10/2015												
20/10/2015											4,1	♎♑
21/10/2015											2,7	♎♑
22/10/2015											1,3	♎♑
23/10/2015											0,2	♎♑
24/10/2015											1,7	♎♑
25/10/2015											3,2	♎♑
26/10/2015											4,8	♎♑
27/10/2015												
28/10/2015												
29/10/2015												
30/10/2015												
31/10/2015												
01/11/2015												
02/11/2015												
03/11/2015												
04/11/2015												
05/11/2015												
06/11/2015												
07/11/2015												
08/11/2015												
09/11/2015												
10/11/2015												
11/11/2015												
12/11/2015												
13/11/2015												
14/11/2015												
15/11/2015												
16/11/2015												
17/11/2015												
18/11/2015												
19/11/2015												
20/11/2015												
21/11/2015												
22/11/2015												
23/11/2015									3,6	♐♓		
24/11/2015									2,0	♐♓		
25/11/2015									0,5	♐♓		
26/11/2015									1,1	♐♓		
27/11/2015									2,6	♐♓		
28/11/2015									4,2	♐♓		
29/11/2015												
30/11/2015												
01/12/2015												

QUADRATURE MERCURIO

	MT	S	GV	S	ST	S	UR	S	NT	S	PL	S
02/12/2015			3,7	♐♍								
03/12/2015			2,2	♐♍								
04/12/2015			0,8	♐♍								
05/12/2015			0,7	♐♍								
06/12/2015			2,1	♐♍								
07/12/2015			3,6	♐♍								
08/12/2015												
09/12/2015												
10/12/2015												
11/12/2015												
12/12/2015												
13/12/2015												
14/12/2015												
15/12/2015												
16/12/2015												
17/12/2015												
18/12/2015							4,6	♑♈				
19/12/2015							3,1	♑♈				
20/12/2015							1,6	♑♈				
21/12/2015							0,2	♑♈				
22/12/2015							1,2	♑♈				
23/12/2015	4,3	♑♎					2,6	♑♈				
24/12/2015	3,5	♑♎					4,0	♑♈				
25/12/2015	2,8	♑♎										
26/12/2015	2,1	♑♎										
27/12/2015	1,4	♑♎										
28/12/2015	0,8	♑♎										
29/12/2015	0,3	♑♎										
30/12/2015	0,2	♑♎										
31/12/2015	0,5	♑♎										
01/01/2016	0,7	♑♎										

QUADRATURE VENERE

	MT	S	GV	S	ST	S	UR	S	NT	S	PL	S
01/01/2015												
02/01/2015												
03/01/2015												
04/01/2015												
05/01/2015												
06/01/2015												
07/01/2015												
08/01/2015												
09/01/2015												
10/01/2015												
11/01/2015												
12/01/2015												
13/01/2015												
14/01/2015												
15/01/2015												
16/01/2015												
17/01/2015												
18/01/2015												
19/01/2015												
20/01/2015												
21/01/2015												
22/01/2015												
23/01/2015												
24/01/2015												
25/01/2015												
26/01/2015												
27/01/2015					3,9	♒♐						
28/01/2015					2,8	♓♐						
29/01/2015					1,6	♓♐						
30/01/2015					0,4	♓♐						
31/01/2015					0,8	♓♐						
01/02/2015					1,9	♓♐						
02/02/2015					3,1	♓♐						
03/02/2015					4,3	♓♐						
04/02/2015												
05/02/2015												
06/02/2015												
07/02/2015												
08/02/2015												
09/02/2015												
10/02/2015												
11/02/2015												
12/02/2015												
13/02/2015												
14/02/2015												
15/02/2015												
16/02/2015												
17/02/2015												
18/02/2015												
19/02/2015												
20/02/2015												
21/02/2015												
22/02/2015												
23/02/2015												
24/02/2015												
25/02/2015												
26/02/2015												
27/02/2015												
28/02/2015												
01/03/2015											5,0	♈♑
02/03/2015											3,8	♈♑
03/03/2015											2,6	♈♑
04/03/2015											1,4	♈♑
05/03/2015											0,2	♈♑
06/03/2015											1,0	♈♑
07/03/2015											2,2	♈♑
08/03/2015											3,4	♈♑

QUADRATURE VENERE

Data	MT	S	GV	S	ST	S	UR	S	NT	S	PL	S
09/03/2015											4,6	♈♑
10/03/2015												
11/03/2015												
12/03/2015												
13/03/2015												
14/03/2015												
15/03/2015												
16/03/2015												
17/03/2015												
18/03/2015												
19/03/2015												
20/03/2015												
21/03/2015												
22/03/2015												
23/03/2015												
24/03/2015												
25/03/2015			3,8	♉♌								
26/03/2015			2,6	♉♌								
27/03/2015			1,3	♉♌								
28/03/2015			0,1	♉♌								
29/03/2015			1,1	♉♌								
30/03/2015			2,3	♉♌								
31/03/2015			3,6	♉♌								
01/04/2015			4,8	♉♌								
02/04/2015												
03/04/2015												
04/04/2015												
05/04/2015												
06/04/2015												
07/04/2015												
08/04/2015												
09/04/2015												
10/04/2015												
11/04/2015												
12/04/2015												
13/04/2015												
14/04/2015												
15/04/2015												
16/04/2015										3,9	♊♓	
17/04/2015										2,8	♊♓	
18/04/2015										1,6	♊♓	
19/04/2015										0,5	♊♓	
20/04/2015										0,6	♊♓	
21/04/2015										1,8	♊♓	
22/04/2015										2,9	♊♓	
23/04/2015										4,0	♊♓	
24/04/2015												
25/04/2015												
26/04/2015												
27/04/2015												
28/04/2015												
29/04/2015												
30/04/2015												
01/05/2015												
02/05/2015												
03/05/2015												
04/05/2015												
05/05/2015												
06/05/2015												
07/05/2015												
08/05/2015												
09/05/2015												
10/05/2015												
11/05/2015												
12/05/2015												
13/05/2015												
14/05/2015												

QUADRATURE VENERE

Data	MT	S	GV	S	ST	S	UR	S	NT	S	PL	S
15/05/2015												
16/05/2015												
17/05/2015												
18/05/2015												
19/05/2015												
20/05/2015												
21/05/2015							4,7	♋♈				
22/05/2015							3,7	♋♈				
23/05/2015							2,7	♋♈				
24/05/2015							1,7	♋♈				
25/05/2015							0,7	♋♈				
26/05/2015							0,3	♋♈				
27/05/2015							1,3	♋♈				
28/05/2015							2,2	♋♈				
29/05/2015							3,2	♋♈				
30/05/2015							4,2	♋♈				
31/05/2015												
01/06/2015												
02/06/2015												
03/06/2015												
04/06/2015												
05/06/2015												
06/06/2015												
07/06/2015												
08/06/2015												
09/06/2015												
10/06/2015												
11/06/2015												
12/06/2015												
13/06/2015												
14/06/2015												
15/06/2015												
16/06/2015												
17/06/2015												
18/06/2015												
19/06/2015												
20/06/2015												
21/06/2015												
22/06/2015												
23/06/2015												
24/06/2015												
25/06/2015												
26/06/2015												
27/06/2015												
28/06/2015												
29/06/2015												
30/06/2015												
01/07/2015												
02/07/2015												
03/07/2015												
04/07/2015												
05/07/2015						4,9	♌♏					
06/07/2015						4,3	♌♏					
07/07/2015						3,7	♌♏					
08/07/2015						3,1	♌♏					
09/07/2015						2,5	♌♏					
10/07/2015						2,0	♌♏					
11/07/2015						1,5	♌♏					
12/07/2015						1,0	♌♏					
13/07/2015						0,5	♌♏					
14/07/2015						0,1	♌♏					
15/07/2015						0,3	♌♏					
16/07/2015						0,7	♌♏					
17/07/2015						1,0	♌♏					
18/07/2015						1,3	♌♏					
19/07/2015						1,6	♍♏					
20/07/2015						1,8	♍♏					

QUADRATURE VENERE

Date	MT	S	GV	S	ST	S	UR	S	NT	S	PL	S
21/07/2015					2,0	♍♏						
22/07/2015					2,2	♍♏						
23/07/2015					2,3	♍♏						
24/07/2015					2,4	♍♏						
25/07/2015					2,4	♍♏						
26/07/2015					2,4	♍♏						
27/07/2015					2,4	♍♏						
28/07/2015					2,3	♍♏						
29/07/2015					2,2	♍♏						
30/07/2015					2,1	♍♏						
31/07/2015					1,9	♍♏						
01/08/2015					1,6	♌♏						
02/08/2015					1,3	♌♏						
03/08/2015					1,0	♌♏						
04/08/2015					0,7	♌♏						
05/08/2015					0,3	♌♏						
06/08/2015					0,2	♌♏						
07/08/2015					0,6	♌♏						
08/08/2015					1,1	♌♏						
09/08/2015					1,7	♌♏						
10/08/2015					2,2	♌♏						
11/08/2015					2,8	♌♏						
12/08/2015					3,4	♌♏						
13/08/2015					4,0	♌♏						
14/08/2015					4,6	♌♏						
15/08/2015												
16/08/2015												
17/08/2015												
18/08/2015												
19/08/2015												
20/08/2015												
21/08/2015												
22/08/2015												
23/08/2015												
24/08/2015												
25/08/2015												
26/08/2015												
27/08/2015												
28/08/2015												
29/08/2015												
30/08/2015												
31/08/2015												
01/09/2015												
02/09/2015												
03/09/2015												
04/09/2015												
05/09/2015												
06/09/2015												
07/09/2015												
08/09/2015												
09/09/2015												
10/09/2015												
11/09/2015												
12/09/2015												
13/09/2015												
14/09/2015												
15/09/2015												
16/09/2015												
17/09/2015												
18/09/2015												
19/09/2015												
20/09/2015												
21/09/2015												
22/09/2015												
23/09/2015												
24/09/2015												
25/09/2015												

QUADRATURE VENERE

	MT	S	GV	S	ST	S	UR	S	NT	S	PL	S
26/09/2015												
27/09/2015												
28/09/2015												
29/09/2015												
30/09/2015												
01/10/2015												
02/10/2015												
03/10/2015												
04/10/2015					5,0	♌♐						
05/10/2015					4,3	♌♐						
06/10/2015					3,6	♌♐						
07/10/2015					2,9	♌♐						
08/10/2015					2,2	♌♐						
09/10/2015					1,5	♍♐						
10/10/2015					0,8	♍♐						
11/10/2015					0,0	♍♐						
12/10/2015					0,7	♍♐						
13/10/2015					1,5	♍♐						
14/10/2015					2,3	♍♐						
15/10/2015					3,1	♍♐						
16/10/2015					3,9	♍♐						
17/10/2015					4,7	♍♐						
18/10/2015												
19/10/2015												
20/10/2015												
21/10/2015												
22/10/2015												
23/10/2015												
24/10/2015												
25/10/2015												
26/10/2015												
27/10/2015												
28/10/2015												
29/10/2015												
30/10/2015												
31/10/2015												
01/11/2015												
02/11/2015												
03/11/2015												
04/11/2015												
05/11/2015												
06/11/2015												
07/11/2015												
08/11/2015												
09/11/2015												
10/11/2015												
11/11/2015												
12/11/2015												
13/11/2015												
14/11/2015												
15/11/2015												
16/11/2015												
17/11/2015												4,5	♎♑
18/11/2015												3,4	♎♑
19/11/2015												2,3	♎♑
20/11/2015												1,2	♎♑
21/11/2015												0,1	♎♑
22/11/2015												1,0	♎♑
23/11/2015												2,1	♎♑
24/11/2015												3,2	♎♑
25/11/2015												4,3	♎♑
26/11/2015													
27/11/2015													
28/11/2015													
29/11/2015													
30/11/2015													
01/12/2015													

QUADRATURE VENERE

	MT	S	GV	S	ST	S	UR	S	NT	S	PL	S
02/12/2015												
03/12/2015												
04/12/2015												
05/12/2015												
06/12/2015												
07/12/2015												
08/12/2015												
09/12/2015												
10/12/2015												
11/12/2015												
12/12/2015												
13/12/2015												
14/12/2015												
15/12/2015												
16/12/2015												
17/12/2015												
18/12/2015												
19/12/2015												
20/12/2015												
21/12/2015												
22/12/2015												
23/12/2015												
24/12/2015												
25/12/2015												
26/12/2015												
27/12/2015												
28/12/2015												
29/12/2015												
30/12/2015												
31/12/2015												
01/01/2016												

QUADRATURE MARTE

	GV	S	ST	S	UR	S	NT	S	PL	S
01/01/2015										
02/01/2015										
03/01/2015										
04/01/2015										
05/01/2015										
06/01/2015										
07/01/2015										
08/01/2015										
09/01/2015			4,3	♒♐						
10/01/2015			3,6	♒♐						
11/01/2015			3,0	♒♐						
12/01/2015			2,3	♒♐						
13/01/2015			1,6	♓♐						
14/01/2015			0,9	♓♐						
15/01/2015			0,2	♓♐						
16/01/2015			0,5	♓♐						
17/01/2015			1,2	♓♐						
18/01/2015			1,9	♓♐						
19/01/2015			2,6	♓♐						
20/01/2015			3,3	♓♐						
21/01/2015			4,0	♓♐						
22/01/2015			4,7	♓♐						
23/01/2015										
24/01/2015										
25/01/2015										
26/01/2015										
27/01/2015										
28/01/2015										
29/01/2015										
30/01/2015										
31/01/2015										
01/02/2015										
02/02/2015										
03/02/2015										
04/02/2015										
05/02/2015										
06/02/2015										
07/02/2015										
08/02/2015										
09/02/2015										
10/02/2015										
11/02/2015										
12/02/2015										
13/02/2015										
14/02/2015										
15/02/2015										
16/02/2015										
17/02/2015										
18/02/2015										
19/02/2015										
20/02/2015										
21/02/2015										
22/02/2015										
23/02/2015										
24/02/2015										
25/02/2015										
26/02/2015										
27/02/2015										
28/02/2015										
01/03/2015										
02/03/2015										
03/03/2015										
04/03/2015										
05/03/2015										
06/03/2015										4,4	♈♑
07/03/2015										3,7	♈♑
08/03/2015										2,9	♈♑

QUADRATURE MARTE

	GV	S	ST	S	UR	S	NT	S	PL	S
09/03/2015									2,2	♈♑
10/03/2015									1,4	♈♑
11/03/2015									0,7	♈♑
12/03/2015									0,0	♈♑
13/03/2015									0,8	♈♑
14/03/2015									1,5	♈♑
15/03/2015									2,3	♈♑
16/03/2015									3,0	♈♑
17/03/2015									3,7	♈♑
18/03/2015									4,5	♈♑
19/03/2015										
20/03/2015										
21/03/2015										
22/03/2015										
23/03/2015										
24/03/2015										
25/03/2015										
26/03/2015										
27/03/2015										
28/03/2015										
29/03/2015										
30/03/2015										
31/03/2015										
01/04/2015										
02/04/2015										
03/04/2015										
04/04/2015										
05/04/2015										
06/04/2015										
07/04/2015										
08/04/2015										
09/04/2015										
10/04/2015										
11/04/2015	5,0	♉♌								
12/04/2015	4,3	♉♌								
13/04/2015	3,6	♉♌								
14/04/2015	2,8	♉♌								
15/04/2015	2,1	♉♌								
16/04/2015	1,4	♉♌								
17/04/2015	0,7	♉♌								
18/04/2015	0,0	♉♌								
19/04/2015	0,7	♉♌								
20/04/2015	1,4	♉♌								
21/04/2015	2,1	♉♌								
22/04/2015	2,7	♉♌								
23/04/2015	3,4	♉♌								
24/04/2015	4,1	♉♌								
25/04/2015	4,8	♉♌								
26/04/2015										
27/04/2015										
28/04/2015										
29/04/2015										
30/04/2015										
01/05/2015										
02/05/2015										
03/05/2015										
04/05/2015										
05/05/2015										
06/05/2015										
07/05/2015										
08/05/2015										
09/05/2015										
10/05/2015										
11/05/2015										
12/05/2015										
13/05/2015										
14/05/2015										

QUADRATURE MARTE

	GV	S	ST	S	UR	S	NT	S	PL	S
15/05/2015										
16/05/2015										
17/05/2015										
18/05/2015										
19/05/2015							4,8	♊♓		
20/05/2015							4,1	♊♓		
21/05/2015							3,4	♊♓		
22/05/2015							2,7	♊♓		
23/05/2015							2,1	♊♓		
24/05/2015							1,4	♊♓		
25/05/2015							0,7	♊♓		
26/05/2015							0,0	♊♓		
27/05/2015							0,7	♊♓		
28/05/2015							1,4	♊♓		
29/05/2015							2,1	♊♓		
30/05/2015							2,8	♊♓		
31/05/2015							3,4	♊♓		
01/06/2015							4,1	♊♓		
02/06/2015							4,8	♊♓		
03/06/2015										
04/06/2015										
05/06/2015										
06/06/2015										
07/06/2015										
08/06/2015										
09/06/2015										
10/06/2015										
11/06/2015										
12/06/2015										
13/06/2015										
14/06/2015										
15/06/2015										
16/06/2015										
17/06/2015										
18/06/2015										
19/06/2015										
20/06/2015										
21/06/2015										
22/06/2015										
23/06/2015										
24/06/2015										
25/06/2015										
26/06/2015										
27/06/2015										
28/06/2015										
29/06/2015										
30/06/2015										
01/07/2015										
02/07/2015										
03/07/2015										
04/07/2015										
05/07/2015										
06/07/2015										
07/07/2015										
08/07/2015										
09/07/2015										
10/07/2015										
11/07/2015										
12/07/2015										
13/07/2015										
14/07/2015										
15/07/2015										
16/07/2015										
17/07/2015										
18/07/2015						4,8	♋♈			
19/07/2015						4,2	♋♈			
20/07/2015						3,5	♋♈			

QUADRATURE MARTE

	GV	S	ST	S	UR	S	NT	S	PL	S
21/07/2015					2,9	♋♈				
22/07/2015					2,2	♋♈				
23/07/2015					1,6	♋♈				
24/07/2015					0,9	♋♈				
25/07/2015					0,3	♋♈				
26/07/2015					0,4	♋♈				
27/07/2015					1,0	♋♈				
28/07/2015					1,7	♋♈				
29/07/2015					2,4	♋♈				
30/07/2015					3,0	♋♈				
31/07/2015					3,7	♋♈				
01/08/2015					4,3	♋♈				
02/08/2015					5,0	♋♈				
03/08/2015										
04/08/2015										
05/08/2015										
06/08/2015										
07/08/2015										
08/08/2015										
09/08/2015										
10/08/2015										
11/08/2015										
12/08/2015										
13/08/2015										
14/08/2015										
15/08/2015										
16/08/2015										
17/08/2015										
18/08/2015										
19/08/2015										
20/08/2015										
21/08/2015										
22/08/2015										
23/08/2015										
24/08/2015										
25/08/2015										
26/08/2015										
27/08/2015										
28/08/2015										
29/08/2015										
30/08/2015										
31/08/2015										
01/09/2015										
02/09/2015										
03/09/2015										
04/09/2015										
05/09/2015										
06/09/2015										
07/09/2015										
08/09/2015										
09/09/2015										
10/09/2015										
11/09/2015										
12/09/2015										
13/09/2015										
14/09/2015										
15/09/2015										
16/09/2015										
17/09/2015										
18/09/2015			4,4	♌♏						
19/09/2015			3,9	♌♐						
20/09/2015			3,3	♌♐						
21/09/2015			2,8	♌♐						
22/09/2015			2,2	♌♐						
23/09/2015			1,7	♌♐						
24/09/2015			1,1	♌♐						
25/09/2015			0,6	♌♐						

QUADRATURE MARTE

	GV	S	ST	S	UR	S	NT	S	PL	S
26/09/2015			0,0	♍♐						
27/09/2015			0,5	♍♐						
28/09/2015			1,1	♍♐						
29/09/2015			1,6	♍♐						
30/09/2015			2,1	♍♐						
01/10/2015			2,7	♍♐						
02/10/2015			3,2	♍♐						
03/10/2015			3,8	♍♐						
04/10/2015			4,3	♍♐						
05/10/2015			4,8	♍♐						
06/10/2015										
07/10/2015										
08/10/2015										
09/10/2015										
10/10/2015										
11/10/2015										
12/10/2015										
13/10/2015										
14/10/2015										
15/10/2015										
16/10/2015										
17/10/2015										
18/10/2015										
19/10/2015										
20/10/2015										
21/10/2015										
22/10/2015										
23/10/2015										
24/10/2015										
25/10/2015										
26/10/2015										
27/10/2015										
28/10/2015										
29/10/2015										
30/10/2015										
31/10/2015										
01/11/2015										
02/11/2015										
03/11/2015										
04/11/2015										
05/11/2015										
06/11/2015										
07/11/2015										
08/11/2015										
09/11/2015										
10/11/2015										
11/11/2015										
12/11/2015										
13/11/2015										
14/11/2015										
15/11/2015										
16/11/2015										
17/11/2015										
18/11/2015										
19/11/2015										
20/11/2015										
21/11/2015										
22/11/2015										
23/11/2015										
24/11/2015										
25/11/2015										
26/11/2015										
27/11/2015										
28/11/2015										4,9	♎♑
29/11/2015										4,4	♎♑
30/11/2015										3,8	♎♑
01/12/2015										3,3	♎♑

QUADRATURE MARTE

	GV	S	ST	S	UR	S	NT	S	PL	S
02/12/2015									2,7	♎♑
03/12/2015									2,1	♎♑
04/12/2015									1,6	♎♑
05/12/2015									1,0	♎♑
06/12/2015									0,5	♎♑
07/12/2015									0,1	♎♑
08/12/2015									0,6	♎♑
09/12/2015									1,2	♎♑
10/12/2015									1,7	♎♑
11/12/2015									2,3	♎♑
12/12/2015									2,8	♎♑
13/12/2015									3,4	♎♑
14/12/2015									3,9	♎♑
15/12/2015									4,5	♎♑
16/12/2015									5,0	♎♑
17/12/2015										
18/12/2015										
19/12/2015										
20/12/2015										
21/12/2015										
22/12/2015										
23/12/2015										
24/12/2015										
25/12/2015										
26/12/2015										
27/12/2015										
28/12/2015										
29/12/2015										
30/12/2015										
31/12/2015										
01/01/2016										

QUADRATURE GIOVE

	ST	S	UR	S	NT	S	PL	S
01/01/2015								
02/01/2015								
03/01/2015								
04/01/2015								
05/01/2015								
06/01/2015								
07/01/2015								
08/01/2015								
09/01/2015								
10/01/2015								
11/01/2015								
12/01/2015								
13/01/2015								
14/01/2015								
15/01/2015								
16/01/2015								
17/01/2015								
18/01/2015								
19/01/2015								
20/01/2015								
21/01/2015								
22/01/2015								
23/01/2015								
24/01/2015								
25/01/2015								
26/01/2015								
27/01/2015								
28/01/2015								
29/01/2015								
30/01/2015								
31/01/2015								
01/02/2015								
02/02/2015								
03/02/2015								
04/02/2015								
05/02/2015								
06/02/2015								
07/02/2015								
08/02/2015								
09/02/2015								
10/02/2015								
11/02/2015								
12/02/2015								
13/02/2015								
14/02/2015								
15/02/2015								
16/02/2015								
17/02/2015								
18/02/2015								
19/02/2015								
20/02/2015								
21/02/2015								
22/02/2015								
23/02/2015								
24/02/2015								
25/02/2015								
26/02/2015								
27/02/2015								
28/02/2015								
01/03/2015								
02/03/2015								
03/03/2015								
04/03/2015								
05/03/2015								
06/03/2015								
07/03/2015								
08/03/2015								

QUADRATURE SATURNO

	UR	S	NT	S	PL	S
01/01/2015			4,5	♐♓		
02/01/2015			4,4	♐♓		
03/01/2015			4,4	♐♓		
04/01/2015			4,3	♐♓		
05/01/2015			4,2	♐♓		
06/01/2015			4,2	♐♓		
07/01/2015			4,1	♐♓		
08/01/2015			4,0	♐♓		
09/01/2015			4,0	♐♓		
10/01/2015			3,9	♐♓		
11/01/2015			3,8	♐♓		
12/01/2015			3,8	♐♓		
13/01/2015			3,7	♐♓		
14/01/2015			3,6	♐♓		
15/01/2015			3,6	♐♓		
16/01/2015			3,5	♐♓		
17/01/2015			3,5	♐♓		
18/01/2015			3,4	♐♓		
19/01/2015			3,4	♐♓		
20/01/2015			3,3	♐♓		
21/01/2015			3,3	♐♓		
22/01/2015			3,2	♐♓		
23/01/2015			3,2	♐♓		
24/01/2015			3,1	♐♓		
25/01/2015			3,1	♐♓		
26/01/2015			3,0	♐♓		
27/01/2015			3,0	♐♓		
28/01/2015			3,0	♐♓		
29/01/2015			2,9	♐♓		
30/01/2015			2,9	♐♓		
31/01/2015			2,9	♐♓		
01/02/2015			2,8	♐♓		
02/02/2015			2,8	♐♓		
03/02/2015			2,8	♐♓		
04/02/2015			2,7	♐♓		
05/02/2015			2,7	♐♓		
06/02/2015			2,7	♐♓		
07/02/2015			2,7	♐♓		
08/02/2015			2,6	♐♓		
09/02/2015			2,6	♐♓		
10/02/2015			2,6	♐♓		
11/02/2015			2,6	♐♓		
12/02/2015			2,6	♐♓		
13/02/2015			2,6	♐♓		
14/02/2015			2,6	♐♓		
15/02/2015			2,6	♐♓		
16/02/2015			2,5	♐♓		
17/02/2015			2,5	♐♓		
18/02/2015			2,5	♐♓		
19/02/2015			2,5	♐♓		
20/02/2015			2,5	♐♓		
21/02/2015			2,5	♐♓		
22/02/2015			2,5	♐♓		
23/02/2015			2,5	♐♓		
24/02/2015			2,5	♐♓		
25/02/2015			2,6	♐♓		
26/02/2015			2,6	♐♓		
27/02/2015			2,6	♐♓		
28/02/2015			2,6	♐♓		
01/03/2015			2,6	♐♓		
02/03/2015			2,6	♐♓		
03/03/2015			2,6	♐♓		
04/03/2015			2,7	♐♓		
05/03/2015			2,7	♐♓		
06/03/2015			2,7	♐♓		
07/03/2015			2,7	♐♓		
08/03/2015			2,7	♐♓		

QUADRATURE GIOVE

Data	ST	S	UR	S	NT	S	PL	S
09/03/2015								
10/03/2015								
11/03/2015								
12/03/2015								
13/03/2015								
14/03/2015								
15/03/2015								
16/03/2015								
17/03/2015								
18/03/2015								
19/03/2015								
20/03/2015								
21/03/2015								
22/03/2015								
23/03/2015								
24/03/2015								
25/03/2015								
26/03/2015								
27/03/2015								
28/03/2015								
29/03/2015								
30/03/2015								
31/03/2015								
01/04/2015								
02/04/2015								
03/04/2015								
04/04/2015								
05/04/2015								
06/04/2015								
07/04/2015								
08/04/2015								
09/04/2015								
10/04/2015								
11/04/2015								
12/04/2015								
13/04/2015								
14/04/2015								
15/04/2015								
16/04/2015								
17/04/2015								
18/04/2015								
19/04/2015								
20/04/2015								
21/04/2015								
22/04/2015								
23/04/2015								
24/04/2015								
25/04/2015								
26/04/2015								
27/04/2015								
28/04/2015								
29/04/2015								
30/04/2015								
01/05/2015								
02/05/2015								
03/05/2015								
04/05/2015								
05/05/2015								
06/05/2015								
07/05/2015								
08/05/2015								
09/05/2015								
10/05/2015								
11/05/2015								
12/05/2015								
13/05/2015								
14/05/2015								

QUADRATURE SATURNO

Data	UR	S	NT	S	PL	S
09/03/2015			2,8	♐♓		
10/03/2015			2,8	♐♓		
11/03/2015			2,8	♐♓		
12/03/2015			2,9	♐♓		
13/03/2015			2,9	♐♓		
14/03/2015			2,9	♐♓		
15/03/2015			3,0	♐♓		
16/03/2015			3,0	♐♓		
17/03/2015			3,0	♐♓		
18/03/2015			3,1	♐♓		
19/03/2015			3,1	♐♓		
20/03/2015			3,2	♐♓		
21/03/2015			3,2	♐♓		
22/03/2015			3,3	♐♓		
23/03/2015			3,3	♐♓		
24/03/2015			3,4	♐♓		
25/03/2015			3,4	♐♓		
26/03/2015			3,5	♐♓		
27/03/2015			3,5	♐♓		
28/03/2015			3,6	♐♓		
29/03/2015			3,6	♐♓		
30/03/2015			3,7	♐♓		
31/03/2015			3,8	♐♓		
01/04/2015			3,8	♐♓		
02/04/2015			3,9	♐♓		
03/04/2015			3,9	♐♓		
04/04/2015			4,0	♐♓		
05/04/2015			4,1	♐♓		
06/04/2015			4,1	♐♓		
07/04/2015			4,2	♐♓		
08/04/2015			4,3	♐♓		
09/04/2015			4,3	♐♓		
10/04/2015			4,4	♐♓		
11/04/2015			4,5	♐♓		
12/04/2015			4,6	♐♓		
13/04/2015			4,6	♐♓		
14/04/2015			4,7	♐♓		
15/04/2015			4,8	♐♓		
16/04/2015			4,9	♐♓		
17/04/2015			5,0	♐♓		

	QUADRATURE GIOVE							QUADRATURE SATURNO					
	ST	S	UR	S	NT	S	PL	S	UR	S	NT	S	PL	S
15/05/2015														
16/05/2015														
17/05/2015														
18/05/2015														
19/05/2015														
20/05/2015														
21/05/2015														
22/05/2015														
23/05/2015														
24/05/2015														
25/05/2015														
26/05/2015														
27/05/2015														
28/05/2015														
29/05/2015														
30/05/2015														
31/05/2015														
01/06/2015														
02/06/2015														
03/06/2015														
04/06/2015														
05/06/2015														
06/06/2015														
07/06/2015														
08/06/2015														
09/06/2015														
10/06/2015														
11/06/2015														
12/06/2015														
13/06/2015														
14/06/2015														
15/06/2015														
16/06/2015														
17/06/2015														
18/06/2015														
19/06/2015														
20/06/2015														
21/06/2015														
22/06/2015														
23/06/2015														
24/06/2015														
25/06/2015														
26/06/2015														
27/06/2015														
28/06/2015														
29/06/2015														
30/06/2015														
01/07/2015														
02/07/2015														
03/07/2015														
04/07/2015														
05/07/2015														
06/07/2015														
07/07/2015														
08/07/2015														
09/07/2015														
10/07/2015														
11/07/2015														
12/07/2015	5,0	♌♏												
13/07/2015	4,7	♌♏												
14/07/2015	4,5	♌♏												
15/07/2015	4,3	♌♏												
16/07/2015	4,1	♌♏												
17/07/2015	3,8	♌♏												
18/07/2015	3,6	♌♏												
19/07/2015	3,4	♌♏												
20/07/2015	3,1	♌♏												

	QUADRATURE GIOVE								QUADRATURE SATURNO					
	ST	S	UR	S	NT	S	PL	S	UR	S	NT	S	PL	S
21/07/2015	2,9	♌♏												
22/07/2015	2,7	♌♏												
23/07/2015	2,5	♌♏												
24/07/2015	2,3	♌♏												
25/07/2015	2,0	♌♏												
26/07/2015	1,8	♌♏												
27/07/2015	1,6	♌♏												
28/07/2015	1,4	♌♏												
29/07/2015	1,2	♌♏												
30/07/2015	0,9	♌♏												
31/07/2015	0,7	♌♏												
01/08/2015	0,5	♌♏												
02/08/2015	0,3	♌♏												
03/08/2015	0,1	♌♏												
04/08/2015	0,1	♌♏												
05/08/2015	0,3	♌♏												
06/08/2015	0,5	♌♏												
07/08/2015	0,7	♌♏												
08/08/2015	0,9	♌♏												
09/08/2015	1,2	♌♏												
10/08/2015	1,4	♌♏												
11/08/2015	1,6	♌♏												
12/08/2015	1,8	♍♏												
13/08/2015	2,0	♍♏												
14/08/2015	2,2	♍♏												
15/08/2015	2,3	♍♏												
16/08/2015	2,5	♍♏												
17/08/2015	2,7	♍♏												
18/08/2015	2,9	♍♏												
19/08/2015	3,1	♍♏												
20/08/2015	3,3	♍♏												
21/08/2015	3,5	♍♏												
22/08/2015	3,7	♍♏												
23/08/2015	3,9	♍♏												
24/08/2015	4,1	♍♏												
25/08/2015	4,2	♍♏												
26/08/2015	4,4	♍♏												
27/08/2015	4,6	♍♏												
28/08/2015	4,8	♍♏												
29/08/2015	4,9	♍♏												
30/08/2015														
31/08/2015														
01/09/2015														
02/09/2015														
03/09/2015														
04/09/2015														
05/09/2015														
06/09/2015														
07/09/2015														
08/09/2015														
09/09/2015														
10/09/2015														
11/09/2015														
12/09/2015														
13/09/2015														
14/09/2015														
15/09/2015														
16/09/2015														
17/09/2015														
18/09/2015														
19/09/2015														
20/09/2015														
21/09/2015														
22/09/2015														
23/09/2015														
24/09/2015														
25/09/2015														

QUADRATURE GIOVE / QUADRATURE SATURNO

Data	ST	S	UR	S	NT	S	PL	S	UR	S	NT	S	PL	S
26/09/2015														
27/09/2015														
28/09/2015														
29/09/2015														
30/09/2015														
01/10/2015														
02/10/2015														
03/10/2015														
04/10/2015														
05/10/2015														
06/10/2015														
07/10/2015														
08/10/2015														
09/10/2015														
10/10/2015														
11/10/2015														
12/10/2015														
13/10/2015														
14/10/2015														
15/10/2015														
16/10/2015											4,9	♐♓		
17/10/2015											4,8	♐♓		
18/10/2015											4,7	♐♓		
19/10/2015											4,6	♐♓		
20/10/2015											4,5	♐♓		
21/10/2015											4,3	♐♓		
22/10/2015											4,2	♐♓		
23/10/2015											4,1	♐♓		
24/10/2015											4,0	♐♓		
25/10/2015											3,9	♐♓		
26/10/2015											3,7	♐♓		
27/10/2015											3,6	♐♓		
28/10/2015											3,5	♐♓		
29/10/2015											3,4	♐♓		
30/10/2015											3,3	♐♓		
31/10/2015											3,1	♐♓		
01/11/2015											3,0	♐♓		
02/11/2015											2,9	♐♓		
03/11/2015											2,8	♐♓		
04/11/2015											2,7	♐♓		
05/11/2015											2,5	♐♓		
06/11/2015											2,4	♐♓		
07/11/2015											2,3	♐♓		
08/11/2015											2,2	♐♓		
09/11/2015											2,1	♐♓		
10/11/2015											1,9	♐♓		
11/11/2015											1,8	♐♓		
12/11/2015											1,7	♐♓		
13/11/2015											1,6	♐♓		
14/11/2015											1,5	♐♓		
15/11/2015											1,3	♐♓		
16/11/2015											1,2	♐♓		
17/11/2015											1,1	♐♓		
18/11/2015											1,0	♐♓		
19/11/2015											0,9	♐♓		
20/11/2015											0,8	♐♓		
21/11/2015											0,6	♐♓		
22/11/2015											0,5	♐♓		
23/11/2015											0,4	♐♓		
24/11/2015											0,3	♐♓		
25/11/2015											0,2	♐♓		
26/11/2015											0,1	♐♓		
27/11/2015											0,1	♐♓		
28/11/2015											0,2	♐♓		
29/11/2015											0,3	♐♓		
30/11/2015											0,4	♐♓		
01/12/2015											0,5	♐♓		

QUADRATURE GIOVE

Data	ST	S	UR	S	NT	S	PL	S
02/12/2015								
03/12/2015								
04/12/2015								
05/12/2015								
06/12/2015								
07/12/2015								
08/12/2015								
09/12/2015								
10/12/2015								
11/12/2015								
12/12/2015								
13/12/2015								
14/12/2015								
15/12/2015								
16/12/2015								
17/12/2015								
18/12/2015								
19/12/2015								
20/12/2015								
21/12/2015								
22/12/2015								
23/12/2015								
24/12/2015								
25/12/2015								
26/12/2015								
27/12/2015								
28/12/2015								
29/12/2015								
30/12/2015								
31/12/2015								
01/01/2016								

QUADRATURE SATURNO

UR	S	NT	S	PL	S
		0,6	♐♓		
		0,7	♐♓		
		0,8	♐♓		
		0,9	♐♓		
		1,1	♐♓		
		1,2	♐♓		
		1,3	♐♓		
		1,4	♐♓		
		1,5	♐♓		
		1,6	♐♓		
		1,7	♐♓		
		1,8	♐♓		
		1,9	♐♓		
		2,0	♐♓		
		2,1	♐♓		
		2,2	♐♓		
		2,3	♐♓		
		2,4	♐♓		
		2,5	♐♓		
		2,6	♐♓		
		2,7	♐♓		
		2,8	♐♓		
		2,9	♐♓		
		3,0	♐♓		
		3,1	♐♓		
		3,2	♐♓		
		3,2	♐♓		
		3,3	♐♓		
		3,4	♐♓		
		3,5	♐♓		
		3,6	♐♓		

	QUADRATURE URANO				QUADRATURE NETTUNO	
	NT	S	PL	S	PL	S
01/01/2015			0,6	♈♑		
02/01/2015			0,6	♈♑		
03/01/2015			0,6	♈♑		
04/01/2015			0,6	♈♑		
05/01/2015			0,6	♈♑		
06/01/2015			0,7	♈♑		
07/01/2015			0,7	♈♑		
08/01/2015			0,7	♈♑		
09/01/2015			0,7	♈♑		
10/01/2015			0,8	♈♑		
11/01/2015			0,8	♈♑		
12/01/2015			0,8	♈♑		
13/01/2015			0,8	♈♑		
14/01/2015			0,8	♈♑		
15/01/2015			0,8	♈♑		
16/01/2015			0,8	♈♑		
17/01/2015			0,9	♈♑		
18/01/2015			0,9	♈♑		
19/01/2015			0,9	♈♑		
20/01/2015			0,9	♈♑		
21/01/2015			0,9	♈♑		
22/01/2015			0,9	♈♑		
23/01/2015			0,9	♈♑		
24/01/2015			0,9	♈♑		
25/01/2015			0,9	♈♑		
26/01/2015			0,9	♈♑		
27/01/2015			0,9	♈♑		
28/01/2015			0,9	♈♑		
29/01/2015			0,9	♈♑		
30/01/2015			0,9	♈♑		
31/01/2015			0,9	♈♑		
01/02/2015			0,9	♈♑		
02/02/2015			0,9	♈♑		
03/02/2015			0,9	♈♑		
04/02/2015			0,9	♈♑		
05/02/2015			0,9	♈♑		
06/02/2015			0,9	♈♑		
07/02/2015			0,9	♈♑		
08/02/2015			0,9	♈♑		
09/02/2015			0,9	♈♑		
10/02/2015			0,9	♈♑		
11/02/2015			0,9	♈♑		
12/02/2015			0,9	♈♑		
13/02/2015			0,9	♈♑		
14/02/2015			0,8	♈♑		
15/02/2015			0,8	♈♑		
16/02/2015			0,8	♈♑		
17/02/2015			0,8	♈♑		
18/02/2015			0,8	♈♑		
19/02/2015			0,8	♈♑		
20/02/2015			0,7	♈♑		
21/02/2015			0,7	♈♑		
22/02/2015			0,7	♈♑		
23/02/2015			0,7	♈♑		
24/02/2015			0,7	♈♑		
25/02/2015			0,6	♈♑		
26/02/2015			0,6	♈♑		
27/02/2015			0,6	♈♑		
28/02/2015			0,6	♈♑		
01/03/2015			0,5	♈♑		
02/03/2015			0,5	♈♑		
03/03/2015			0,5	♈♑		
04/03/2015			0,4	♈♑		
05/03/2015			0,4	♈♑		
06/03/2015			0,4	♈♑		
07/03/2015			0,4	♈♑		
08/03/2015			0,3	♈♑		

	QUADRATURE URANO				QUADRATURE NETTUNO	
	NT	S	PL	S	PL	S
09/03/2015			0,3	♈♑		
10/03/2015			0,3	♈♑		
11/03/2015			0,2	♈♑		
12/03/2015			0,2	♈♑		
13/03/2015			0,2	♈♑		
14/03/2015			0,1	♈♑		
15/03/2015			0,1	♈♑		
16/03/2015			0,0	♈♑		
17/03/2015			0,0	♈♑		
18/03/2015			0,0	♈♑		
19/03/2015			0,1	♈♑		
20/03/2015			0,1	♈♑		
21/03/2015			0,2	♈♑		
22/03/2015			0,2	♈♑		
23/03/2015			0,2	♈♑		
24/03/2015			0,3	♈♑		
25/03/2015			0,3	♈♑		
26/03/2015			0,4	♈♑		
27/03/2015			0,4	♈♑		
28/03/2015			0,5	♈♑		
29/03/2015			0,5	♈♑		
30/03/2015			0,6	♈♑		
31/03/2015			0,6	♈♑		
01/04/2015			0,7	♈♑		
02/04/2015			0,7	♈♑		
03/04/2015			0,8	♈♑		
04/04/2015			0,8	♈♑		
05/04/2015			0,9	♈♑		
06/04/2015			0,9	♈♑		
07/04/2015			1,0	♈♑		
08/04/2015			1,0	♈♑		
09/04/2015			1,1	♈♑		
10/04/2015			1,1	♈♑		
11/04/2015			1,2	♈♑		
12/04/2015			1,2	♈♑		
13/04/2015			1,3	♈♑		
14/04/2015			1,3	♈♑		
15/04/2015			1,4	♈♑		
16/04/2015			1,4	♈♑		
17/04/2015			1,5	♈♑		
18/04/2015			1,6	♈♑		
19/04/2015			1,6	♈♑		
20/04/2015			1,7	♈♑		
21/04/2015			1,7	♈♑		
22/04/2015			1,8	♈♑		
23/04/2015			1,8	♈♑		
24/04/2015			1,9	♈♑		
25/04/2015			2,0	♈♑		
26/04/2015			2,0	♈♑		
27/04/2015			2,1	♈♑		
28/04/2015			2,1	♈♑		
29/04/2015			2,2	♈♑		
30/04/2015			2,3	♈♑		
01/05/2015			2,3	♈♑		
02/05/2015			2,4	♈♑		
03/05/2015			2,4	♈♑		
04/05/2015			2,5	♈♑		
05/05/2015			2,6	♈♑		
06/05/2015			2,6	♈♑		
07/05/2015			2,7	♈♑		
08/05/2015			2,8	♈♑		
09/05/2015			2,8	♈♑		
10/05/2015			2,9	♈♑		
11/05/2015			2,9	♈♑		
12/05/2015			3,0	♈♑		
13/05/2015			3,1	♈♑		
14/05/2015			3,1	♈♑		

	QUADRATURE URANO				QUADRATURE NETTUNO	
	NT	S	PL	S	PL	S
15/05/2015			3,2	♈♑		
16/05/2015			3,2	♈♑		
17/05/2015			3,3	♈♑		
18/05/2015			3,4	♈♑		
19/05/2015			3,4	♈♑		
20/05/2015			3,5	♈♑		
21/05/2015			3,6	♈♑		
22/05/2015			3,6	♈♑		
23/05/2015			3,7	♈♑		
24/05/2015			3,7	♈♑		
25/05/2015			3,8	♈♑		
26/05/2015			3,9	♈♑		
27/05/2015			3,9	♈♑		
28/05/2015			4,0	♈♑		
29/05/2015			4,0	♈♑		
30/05/2015			4,1	♈♑		
31/05/2015			4,2	♈♑		
01/06/2015			4,2	♈♑		
02/06/2015			4,3	♈♑		
03/06/2015			4,3	♈♑		
04/06/2015			4,4	♈♑		
05/06/2015			4,5	♈♑		
06/06/2015			4,5	♈♑		
07/06/2015			4,6	♈♑		
08/06/2015			4,6	♈♑		
09/06/2015			4,7	♈♑		
10/06/2015			4,8	♈♑		
11/06/2015			4,8	♈♑		
12/06/2015			4,9	♈♑		
13/06/2015			4,9	♈♑		
14/06/2015			5,0	♈♑		
15/06/2015						
16/06/2015						
17/06/2015						
18/06/2015						
19/06/2015						
20/06/2015						
21/06/2015						
22/06/2015						
23/06/2015						
24/06/2015						
25/06/2015						
26/06/2015						
27/06/2015						
28/06/2015						
29/06/2015						
30/06/2015						
01/07/2015						
02/07/2015						
03/07/2015						
04/07/2015						
05/07/2015						
06/07/2015						
07/07/2015						
08/07/2015						
09/07/2015						
10/07/2015						
11/07/2015						
12/07/2015						
13/07/2015						
14/07/2015						
15/07/2015						
16/07/2015						
17/07/2015						
18/07/2015						
19/07/2015						
20/07/2015						

	QUADRATURE URANO				QUADRATURE NETTUNO	
	NT	S	PL	S	PL	S
21/07/2015						
22/07/2015						
23/07/2015						
24/07/2015						
25/07/2015						
26/07/2015						
27/07/2015						
28/07/2015						
29/07/2015						
30/07/2015						
31/07/2015						
01/08/2015						
02/08/2015						
03/08/2015						
04/08/2015						
05/08/2015						
06/08/2015						
07/08/2015						
08/08/2015						
09/08/2015						
10/08/2015						
11/08/2015						
12/08/2015						
13/08/2015						
14/08/2015						
15/08/2015						
16/08/2015						
17/08/2015						
18/08/2015						
19/08/2015						
20/08/2015						
21/08/2015						
22/08/2015						
23/08/2015						
24/08/2015						
25/08/2015						
26/08/2015						
27/08/2015						
28/08/2015						
29/08/2015						
30/08/2015						
31/08/2015						
01/09/2015						
02/09/2015						
03/09/2015						
04/09/2015						
05/09/2015						
06/09/2015						
07/09/2015						
08/09/2015						
09/09/2015						
10/09/2015						
11/09/2015						
12/09/2015						
13/09/2015						
14/09/2015						
15/09/2015						
16/09/2015						
17/09/2015						
18/09/2015						
19/09/2015						
20/09/2015						
21/09/2015						
22/09/2015						
23/09/2015						
24/09/2015						
25/09/2015						

	QUADRATURE URANO				QUADRATURE NETTUNO	
	NT	S	PL	S	PL	S
26/09/2015						
27/09/2015						
28/09/2015						
29/09/2015						
30/09/2015						
01/10/2015						
02/10/2015						
03/10/2015						
04/10/2015						
05/10/2015						
06/10/2015						
07/10/2015						
08/10/2015						
09/10/2015						
10/10/2015						
11/10/2015						
12/10/2015						
13/10/2015						
14/10/2015						
15/10/2015						
16/10/2015						
17/10/2015						
18/10/2015						
19/10/2015						
20/10/2015						
21/10/2015						
22/10/2015			5,0	♈♑		
23/10/2015			4,9	♈♑		
24/10/2015			4,8	♈♑		
25/10/2015			4,8	♈♑		
26/10/2015			4,7	♈♑		
27/10/2015			4,7	♈♑		
28/10/2015			4,6	♈♑		
29/10/2015			4,6	♈♑		
30/10/2015			4,5	♈♑		
31/10/2015			4,5	♈♑		
01/11/2015			4,4	♈♑		
02/11/2015			4,4	♈♑		
03/11/2015			4,3	♈♑		
04/11/2015			4,2	♈♑		
05/11/2015			4,2	♈♑		
06/11/2015			4,1	♈♑		
07/11/2015			4,1	♈♑		
08/11/2015			4,0	♈♑		
09/11/2015			4,0	♈♑		
10/11/2015			3,9	♈♑		
11/11/2015			3,9	♈♑		
12/11/2015			3,8	♈♑		
13/11/2015			3,7	♈♑		
14/11/2015			3,7	♈♑		
15/11/2015			3,6	♈♑		
16/11/2015			3,6	♈♑		
17/11/2015			3,5	♈♑		
18/11/2015			3,5	♈♑		
19/11/2015			3,4	♈♑		
20/11/2015			3,4	♈♑		
21/11/2015			3,3	♈♑		
22/11/2015			3,3	♈♑		
23/11/2015			3,2	♈♑		
24/11/2015			3,1	♈♑		
25/11/2015			3,1	♈♑		
26/11/2015			3,0	♈♑		
27/11/2015			3,0	♈♑		
28/11/2015			2,9	♈♑		
29/11/2015			2,9	♈♑		
30/11/2015			2,8	♈♑		
01/12/2015			2,8	♈♑		

	QUADRATURE URANO				QUADRATURE NETTUNO	
	NT	S	PL	S	PL	S
02/12/2015			2,7	♈♑		
03/12/2015			2,7	♈♑		
04/12/2015			2,6	♈♑		
05/12/2015			2,6	♈♑		
06/12/2015			2,5	♈♑		
07/12/2015			2,5	♈♑		
08/12/2015			2,4	♈♑		
09/12/2015			2,4	♈♑		
10/12/2015			2,4	♈♑		
11/12/2015			2,3	♈♑		
12/12/2015			2,3	♈♑		
13/12/2015			2,2	♈♑		
14/12/2015			2,2	♈♑		
15/12/2015			2,1	♈♑		
16/12/2015			2,1	♈♑		
17/12/2015			2,1	♈♑		
18/12/2015			2,0	♈♑		
19/12/2015			2,0	♈♑		
20/12/2015			1,9	♈♑		
21/12/2015			1,9	♈♑		
22/12/2015			1,9	♈♑		
23/12/2015			1,8	♈♑		
24/12/2015			1,8	♈♑		
25/12/2015			1,8	♈♑		
26/12/2015			1,7	♈♑		
27/12/2015			1,7	♈♑		
28/12/2015			1,6	♈♑		
29/12/2015			1,6	♈♑		
30/12/2015			1,6	♈♑		
31/12/2015			1,6	♈♑		
01/01/2016			1,5	♈♑		

INGRESSO NEI SEGNI

Data	SL		LN		MC		VN		MT		GV		ST		UR		NT		PL	
01/01/2015			17:10	♊																
02/01/2015																				
03/01/2015							14:48	♒												
04/01/2015			1:08	♋																
05/01/2015					1:08	♒														
06/01/2015			11:05	♌																
07/01/2015																				
08/01/2015			22:58	♍																
09/01/2015																				
10/01/2015																				
11/01/2015			11:55	♎																
12/01/2015									10:20	♓										
13/01/2015			23:43	♏																
14/01/2015																				
15/01/2015																				
16/01/2015			7:55	♐																
17/01/2015																				
18/01/2015			11:58	♑																
19/01/2015																				
20/01/2015	9:43	♒	12:57	♒																
21/01/2015																				
22/01/2015			12:49	♓																
23/01/2015																				
24/01/2015			13:35	♈																
25/01/2015																				
26/01/2015			16:41	♉																
27/01/2015							14:59	♓												
28/01/2015			22:36	♊																
29/01/2015																				
30/01/2015																				
31/01/2015			7:10	♋																
01/02/2015																				
02/02/2015			17:42	♌																
03/02/2015																				
04/02/2015																				
05/02/2015			5:46	♍																
06/02/2015																				
07/02/2015			18:43	♎																
08/02/2015																				
09/02/2015																				
10/02/2015			7:02	♏																
11/02/2015																				
12/02/2015			16:41	♐																
13/02/2015																				
14/02/2015			22:22	♑																
15/02/2015																				
16/02/2015																				
17/02/2015			0:13	♒																
18/02/2015	23:49	♓	23:47	♓																
19/02/2015																				
20/02/2015			23:13	♈			20:05	♈	0:11	♈										
21/02/2015																				
22/02/2015																				
23/02/2015			0:28	♉																
24/02/2015																				
25/02/2015			4:57	♊																
26/02/2015																				
27/02/2015			12:53	♋																
28/02/2015																				
01/03/2015			23:34	♌																
02/03/2015																				
03/03/2015																				
04/03/2015			11:58	♍																
05/03/2015																				
06/03/2015																				
07/03/2015			0:51	♎																
08/03/2015																				
09/03/2015			13:07	♏																

INGRESSO NEI SEGNI

Data	SL		LN		MC		VN		MT		GV		ST		UR		NT		PL	
10/03/2015																				
11/03/2015			23:30	♐																
12/03/2015																				
13/03/2015					3:50	♓														
14/03/2015			6:35	♑																
15/03/2015																				
16/03/2015			10:08	♒																
17/03/2015							10:14	♉												
18/03/2015			10:55	♓																
19/03/2015																				
20/03/2015	22:45	♈	10:29	♈																
21/03/2015																				
22/03/2015			10:44	♉																
23/03/2015																				
24/03/2015			13:28	♊																
25/03/2015																				
26/03/2015			19:48	♋																
27/03/2015																				
28/03/2015																				
29/03/2015			5:49	♌																
30/03/2015																				
31/03/2015			18:12	♍	1:43	♈			16:26	♉										
01/04/2015																				
02/04/2015																				
03/04/2015			7:06	♎																
04/04/2015																				
05/04/2015			19:02	♏																
06/04/2015																				
07/04/2015																				
08/04/2015			5:06	♐																
09/04/2015																				
10/04/2015			12:42	♑																
11/04/2015							15:28	♊												
12/04/2015			17:40	♒																
13/04/2015																				
14/04/2015			20:10	♓	22:51	♉														
15/04/2015																				
16/04/2015			20:59	♈																
17/04/2015																				
18/04/2015			21:32	♉																
19/04/2015																				
20/04/2015	9:42	♉	23:28	♊																
21/04/2015																				
22/04/2015																				
23/04/2015			4:28	♋																
24/04/2015																				
25/04/2015			13:16	♌																
26/04/2015																				
27/04/2015																				
28/04/2015			1:07	♍																
29/04/2015																				
30/04/2015			14:01	♎																
01/05/2015					2:02	♊														
02/05/2015																				
03/05/2015			1:46	♏																
04/05/2015																				
05/05/2015			11:09	♐																
06/05/2015																				
07/05/2015			18:14	♑			22:52	♋												
08/05/2015																				
09/05/2015			23:21	♒																
10/05/2015																				
11/05/2015																				
12/05/2015			2:52	♓					2:40	♊										
13/05/2015																				
14/05/2015			5:12	♈																
15/05/2015																				
16/05/2015			7:03	♉																

INGRESSO NEI SEGNI

Date	SL		LN		MC		VN		MT		GV		ST		UR		NT		PL	
17/05/2015																				
18/05/2015			9:30	♊																
19/05/2015																				
20/05/2015			14:00	♋																
21/05/2015	8:46	♊																		
22/05/2015			21:43	♌																
23/05/2015																				
24/05/2015																				
25/05/2015			8:53	♍																
26/05/2015																				
27/05/2015			21:41	♎																
28/05/2015																				
29/05/2015																				
30/05/2015			9:30	♏																
31/05/2015																				
01/06/2015			18:36	♐																
02/06/2015																				
03/06/2015																				
04/06/2015			0:50	♑																
05/06/2015							15:34	♌												
06/06/2015			5:00	♒																
07/06/2015																				
08/06/2015			8:15	♓																
09/06/2015																				
10/06/2015			11:13	♈																
11/06/2015																				
12/06/2015			14:16	♉																
13/06/2015																				
14/06/2015			17:52	♊																
15/06/2015															0:37	♏				
16/06/2015			22:51	♋																
17/06/2015																				
18/06/2015																				
19/06/2015			6:25	♌																
20/06/2015																				
21/06/2015	16:39	♋	17:01	♍																
22/06/2015																				
23/06/2015																				
24/06/2015			5:40	♎					13:33	♋										
25/06/2015																				
26/06/2015			17:54	♏																
27/06/2015																				
28/06/2015																				
29/06/2015			3:18	♐																
30/06/2015																				
01/07/2015			9:07	♑																
02/07/2015																				
03/07/2015			12:18	♒																
04/07/2015																				
05/07/2015			14:23	♓																
06/07/2015																				
07/07/2015			16:28	♈																
08/07/2015					18:48	♋														
09/07/2015			19:50	♉																
10/07/2015																				
11/07/2015																				
12/07/2015			0:16	♊																
13/07/2015																				
14/07/2015			6:16	♋																
15/07/2015																				
16/07/2015			14:18	♌																
17/07/2015																				
18/07/2015							22:43	♍												
19/07/2015			0:47	♍																
20/07/2015																				
21/07/2015			13:23	♎																
22/07/2015																				
23/07/2015	3:31	♌			12:15	♌														

INGRESSO NEI SEGNI

Data	SL		LN		MC		VN		MT		GV		ST		UR		NT		PL	
24/07/2015			2:05	♏																
25/07/2015																				
26/07/2015			12:18	♐																
27/07/2015																				
28/07/2015			18:43	♑																
29/07/2015																				
30/07/2015			21:38	♒																
31/07/2015							15:00	♌												
01/08/2015			22:36	♓																
02/08/2015																				
03/08/2015			23:24	♈																
04/08/2015																				
05/08/2015																				
06/08/2015			1:30	♉																
07/08/2015					19:16	♍														
08/08/2015			5:42	♊					23:32	♌										
09/08/2015																				
10/08/2015			12:11	♋																
11/08/2015											11:10	♍								
12/08/2015			20:53	♌																
13/08/2015																				
14/08/2015																				
15/08/2015			7:47	♍																
16/08/2015																				
17/08/2015			20:22	♎																
18/08/2015																				
19/08/2015																				
20/08/2015			9:22	♏																
21/08/2015																				
22/08/2015			20:38	♐																
23/08/2015	10:38	♍																		
24/08/2015																				
25/08/2015			4:18	♑																
26/08/2015																				
27/08/2015			7:59	♒	15:48	♎														
28/08/2015																				
29/08/2015			8:49	♓																
30/08/2015																				
31/08/2015			8:34	♈																
01/09/2015																				
02/09/2015			9:05	♉																
03/09/2015																				
04/09/2015			11:52	♊																
05/09/2015																				
06/09/2015			17:43	♋																
07/09/2015																				
08/09/2015																				
09/09/2015			2:37	♌																
10/09/2015																				
11/09/2015			13:57	♍																
12/09/2015																				
13/09/2015																				
14/09/2015			2:41	♎																
15/09/2015																				
16/09/2015			15:41	♏																
17/09/2015																				
18/09/2015													2:46	♐						
19/09/2015			3:29	♐																
20/09/2015																				
21/09/2015			12:27	♑																
22/09/2015																				
23/09/2015	8:21	♎	17:46	♒																
24/09/2015																				
25/09/2015			19:41	♓					2:17	♍										
26/09/2015																				
27/09/2015			19:28	♈																
28/09/2015																				
29/09/2015			18:58	♉																

Data	SL		LN		MC		VN		MT		GV		ST		UR		NT		PL	
30/09/2015																				
01/10/2015			20:06	♊																
02/10/2015																				
03/10/2015																				
04/10/2015			0:22	♋																
05/10/2015																				
06/10/2015			8:34	♌																
07/10/2015																				
08/10/2015			19:51	♍			17:26	♍												
09/10/2015																				
10/10/2015																				
11/10/2015			8:45	♎																
12/10/2015																				
13/10/2015			21:37	♏																
14/10/2015																				
15/10/2015																				
16/10/2015			9:15	♐																
17/10/2015																				
18/10/2015			18:49	♑																
19/10/2015																				
20/10/2015																				
21/10/2015			1:36	♒																
22/10/2015																				
23/10/2015	17:47	♏	5:14	♓																
24/10/2015																				
25/10/2015			6:19	♈																
26/10/2015																				
27/10/2015			6:08	♉																
28/10/2015																				
29/10/2015			6:27	♊																
30/10/2015																				
31/10/2015			9:15	♋																
01/11/2015																				
02/11/2015			15:52	♌	7:06	♏														
03/11/2015																				
04/11/2015																				
05/11/2015			2:23	♍																
06/11/2015																				
07/11/2015			15:14	♎																
08/11/2015							15:30	♎												
09/11/2015																				
10/11/2015			4:01	♏																
11/11/2015																				
12/11/2015			15:11	♐					21:40	♎										
13/11/2015																				
14/11/2015																				
15/11/2015			0:20	♑																
16/11/2015																				
17/11/2015			7:21	♒																
18/11/2015																				
19/11/2015			12:18	♓																
20/11/2015					19:43	♐														
21/11/2015			15:09	♈																
22/11/2015	15:26	♐																		
23/11/2015			16:25	♉																
24/11/2015																				
25/11/2015			17:17	♊																
26/11/2015																				
27/11/2015			19:29	♋																
28/11/2015																				
29/11/2015																				
30/11/2015			0:47	♌																
01/12/2015																				
02/12/2015			10:12	♍																
03/12/2015																				
04/12/2015			22:33	♎																
05/12/2015							4:14	♏												
06/12/2015																				

INGRESSO NEI SEGNI

	SL		LN		MC		VN		MT		GV		ST		UR		NT		PL	
07/12/2015			11:23	♏																
08/12/2015																				
09/12/2015			22:24	♐																
10/12/2015					2:34	♑														
11/12/2015																				
12/12/2015			6:44	♑																
13/12/2015																				
14/12/2015			12:56	♒																
15/12/2015																				
16/12/2015			17:43	♓																
17/12/2015																				
18/12/2015			21:25	♈																
19/12/2015																				
20/12/2015																				
21/12/2015			0:12	♉																
22/12/2015	4:49	♑																		
23/12/2015			2:31	♊																
24/12/2015																				
25/12/2015			5:29	♋																
26/12/2015																				
27/12/2015			10:36	♌																
28/12/2015																				
29/12/2015			19:01	♍																
30/12/2015							7:16	♐												
31/12/2015																				

FASI LUNARI

Luna nuova		Primo quarto		Luna piena		Ultimo quarto	
				05/01/2015	04:53	13/01/2015	09:47
20/01/2015	13:14	27/01/2015	04:48	03/02/2015	23:09	12/02/2015	03:50
18/02/2015	23:47	25/02/2015	17:14	05/03/2015	18:06	13/03/2015	17:48
20/03/2015	09:36	27/03/2015	07:43	04/04/2015	12:06	12/04/2015	03:45
18/04/2015	18:57	25/04/2015	23:55	04/05/2015	03:42	11/05/2015	10:36
18/05/2015	04:13	25/05/2015	17:19	02/06/2015	16:19	09/06/2015	15:42
16/06/2015	14:05	24/06/2015	11:03	02/07/2015	02:20	08/07/2015	20:24
16/07/2015	01:25	24/07/2015	04:04	31/07/2015	10:43	07/08/2015	02:03
14/08/2015	14:54	22/08/2015	19:31	29/08/2015	18:35	05/09/2015	09:54
13/09/2015	06:42	21/09/2015	08:59	28/09/2015	02:51	04/10/2015	21:06
13/10/2015	00:06	20/10/2015	20:31	27/10/2015	12:05	03/11/2015	12:24
11/11/2015	17:47	19/11/2015	06:28	25/11/2015	22:44	03/12/2015	07:41
11/12/2015	10:29	18/12/2015	15:14	25/12/2015	11:11		

PASSAGGI AI NODI

12/01/2015	15:33	N.A.
25/01/2015	10:23	N.D.
08/02/2015	17:10	N.A.
21/02/2015	16:06	N.D.
07/03/2015	21:05	N.A.
21/03/2015	02:18	N.D.
04/04/2015	03:18	N.A.
17/04/2015	13:06	N.D.
01/05/2015	09:49	N.A.
14/05/2015	20:37	N.D.
28/05/2015	14:41	N.A.
10/06/2015	23:29	N.D.
24/06/2015	17:24	N.A.
08/07/2015	00:06	N.D.
21/07/2015	19:32	N.A.
04/08/2015	02:52	N.D.
17/08/2015	23:06	N.A.
31/08/2015	10:16	N.D.
14/09/2015	04:38	N.A.
27/09/2015	21:05	N.D.
11/10/2015	10:54	N.A.
25/10/2015	07:36	N.D.
07/11/2015	15:54	N.A.
21/11/2015	13:56	N.D.
04/12/2015	18:34	N.A.
18/12/2015	15:13	N.D.
31/12/2015	20:19	N.A.

PERIGEI

21/01/2015	20:22
19/02/2015	07:28
19/03/2015	19:37
17/04/2015	03:34
10/06/2015	04:43
05/07/2015	19:12
02/08/2015	10:17
30/08/2015	15:22
28/09/2015	01:47
26/10/2015	13:02
23/11/2015	19:48
21/12/2015	08:44

APOGEI

09/01/2015	17:55
06/02/2015	06:15
05/03/2015	07:43
29/04/2015	03:55
26/05/2015	22:24
23/06/2015	16:59
21/07/2015	10:43
18/08/2015	02:11
14/09/2015	11:15
11/10/2015	13:42
05/12/2015	14:56

ECLISSI

SOLE	20/03/2015	TOTALE
INIZIO		07:40
INIZIO PENOMBRA		08:11
INIZIO OMBRA		09:09
INIZIO TOTALITA'		09:12
MASSIMO		09:45
FINE OMBRA		10:21
FINE PENOMBRA		11:19
FINE		11:50

SOLE	13/09/2015	PARZIALE
INIZIO		04:41
INIZIO PENOMBRA		05:15
MASSIMO		06:54
FINE PENOMBRA		08:32
FINE PENOMBRA		09:06

LUNA	04/04/2015	TOTALE
INIZIO PENOMBRA		09:01
INIZIO OMBRA		10:15
INIZIO TOTALITA'		11:56
MASSIMO		12:00
FINE TOTALITA'		12:04
FINE OMBRA		13:45
FINE PENOMBRA		14:59

LUNA	28/09/2015	TOTLAE
INIZIO PENOMBRA		00:11
INIZIO OMBRA		01:06
INIZIO TOTALITA'		02:11
MASSIMO		02:47
FINE TOTALITA'		03:23
FINE OMBRA		04:27
FINE PENOMBRA		05:22

INDICE

Introduzione	3
Tabelle con le posizioni di Sole, Luna e pianeti	5
Tabelle con gli aspetti : congiunzioni, opposizioni, sestili, trigoni, quadrature	10
Ingresso nei segni	220
Fasi lunari, passaggi ai nodi, perifei, apogei	226
Eclissi	227
Indice	228

www.ingramcontent.com/pod-product-compliance
Lightning Source LLC
Chambersburg PA
CBHW060833170526
45158CB00001B/151